AF356389

MANUEL

D'ACTINOLOGIE

ou

DE ZOOPHYTOLOGIE.

Imprimé chez Paul Renouard, rue Garancière, n. 5.

MANUEL

D'ACTINOLOGIE,

OU DE

ZOOPHYTOLOGIE,

CONTENANT :

1º Une histoire abrégée de cette partie de la zoologie, avec des considérations générales sur l'anatomie, la physiologie, les mœurs, les habitudes et les usages des actinozoaires; 2º un système général d'actinologie tiré à-la-fois des animaux et de leurs parties solides ou polypiers; 3º un catalogue des principaux auteurs qui ont écrit sur ce sujet.

AVEC UN ATLAS DE 100 PLANCHES

Représentant une espèce de chaque Genre et Sous-Genre,

PAR H.-M.-D. DE BLAINVILLE,

Membre de l'Académie des Sciences de l'Institut, de la Société royale de Londres, professeur administrateur du Muséum d'histoire naturelle, etc.

PLANCHES.

PARIS.

F.-G. LEVRAULT, LIBRAIRE-EDITEUR,

Rue de la Harpe, n. 81.

STRASBOURG, MÊME MAISON, RUE DES JUIFS, N. 33.

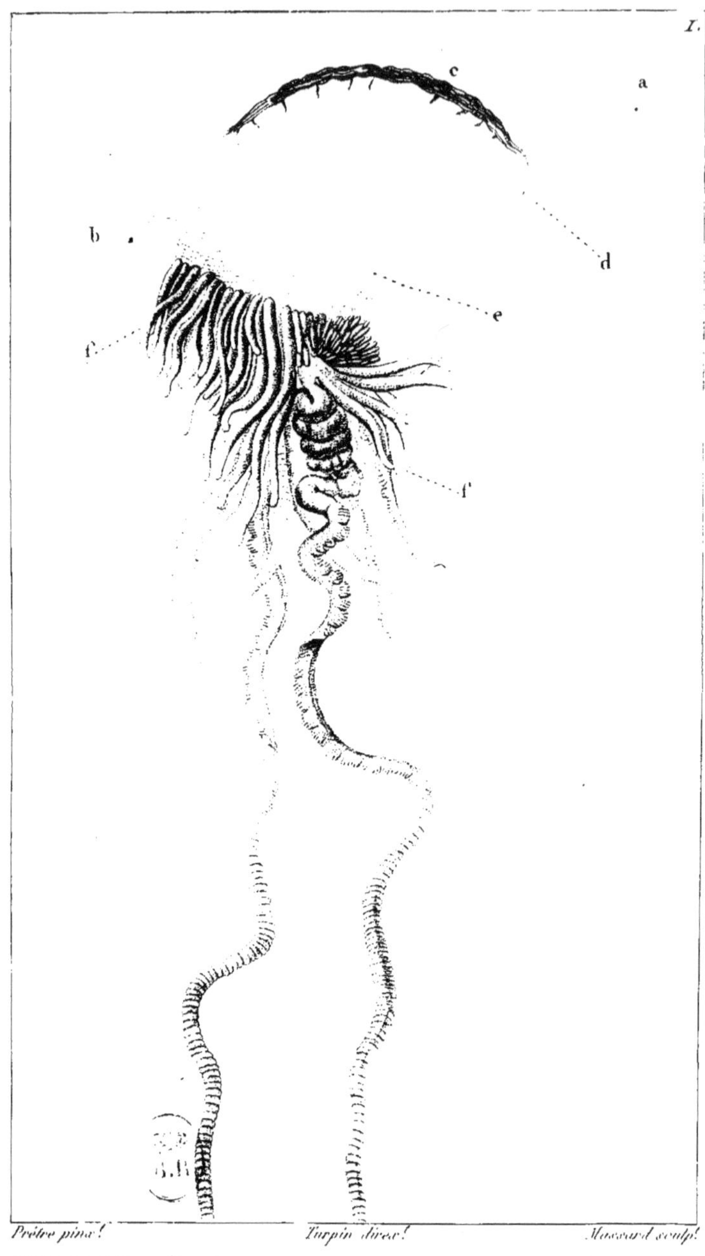

PHYSALE pélagique, nageant renversée. a b. Orifices de l'intestin. c. Pied servant de voile. d. Orifices des organes générateurs situés à droite et censés vus par transparence. e. Plaque hépatique. ff. Branchies.

1. RHIZOPHYSE filiforme. 2. PHYSSOPHORE muzonème.
3. RHODOPHYSE hélianthe. 4. PROTOMÉDÉE jaune.

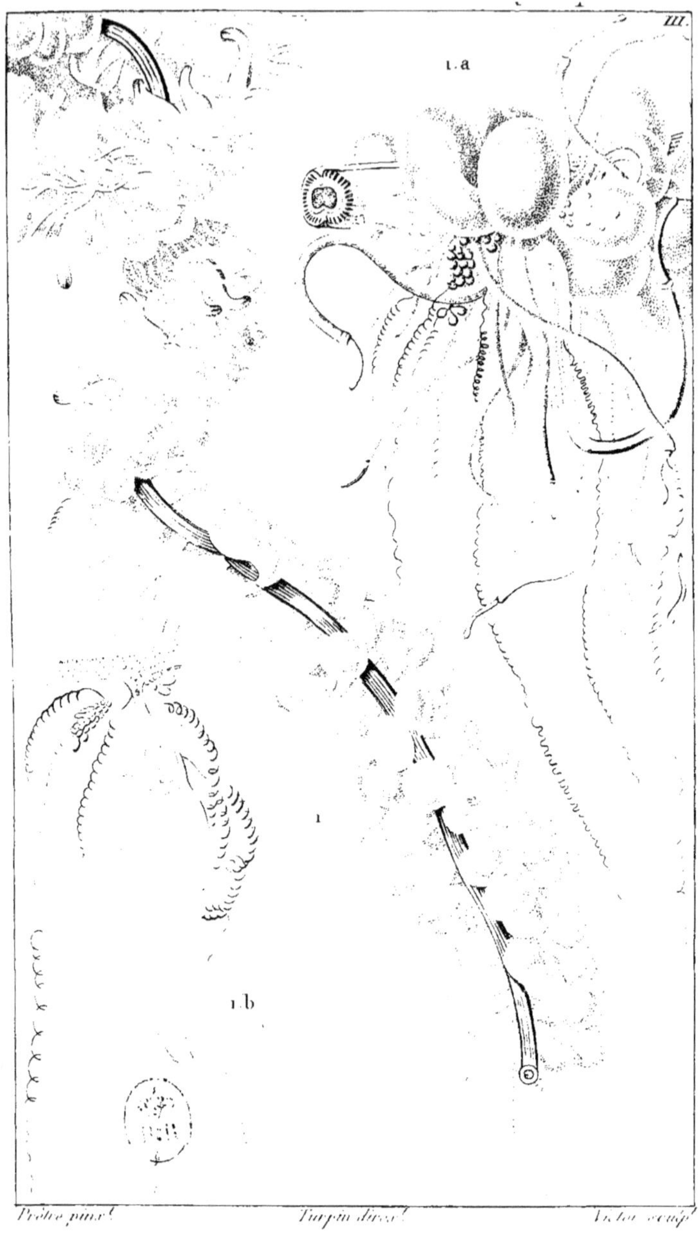

Prêtre pinx.t   Turpin direx.t   Victor sculp.t

1. APOLÉMIE (stéphanomie) Grappe (partie) 1.a. Une partie encore
plus gr.   1.b. La même encore à part.

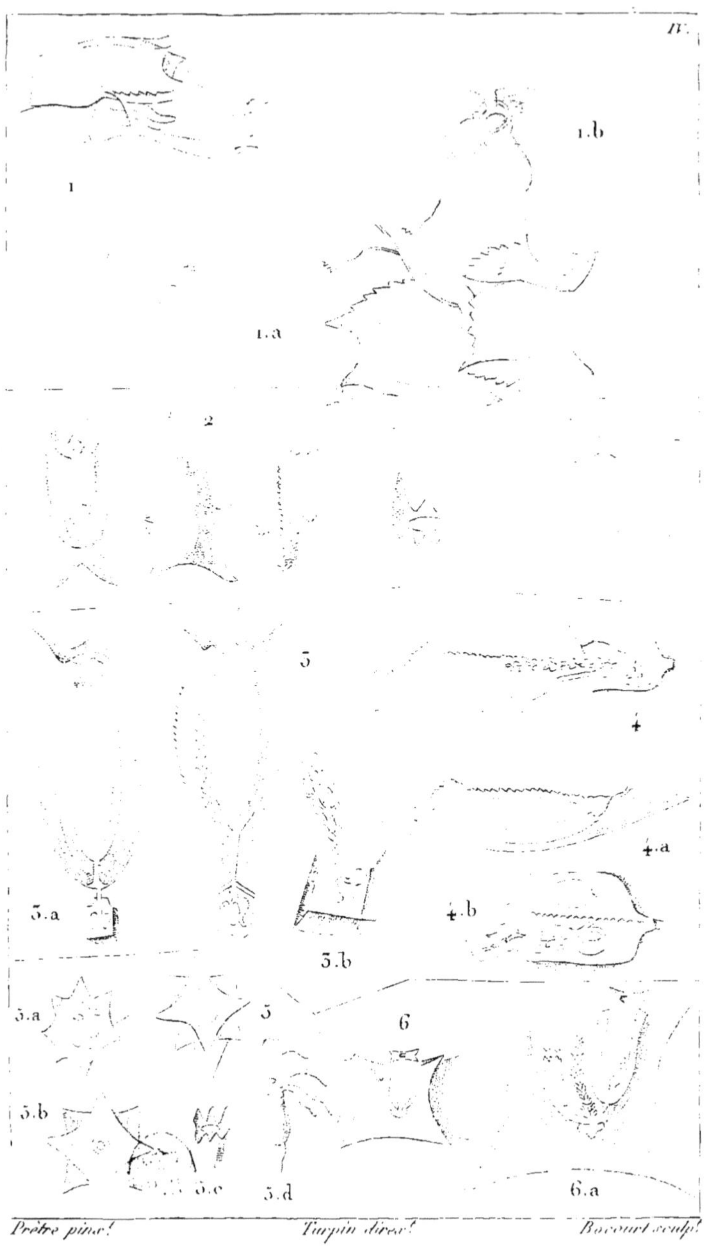

Prêtre pinx.!   Turpin direx.!   Bacourt sculp.!

1.1.a. **AMPHIROA** ailée. 1.b. *Son Nucleus sorti.* 2. **NACELLE** sagittée.
3. **CALPÉ** pentagone *de profil.* 3.a. *En dessous.* 3.b. *Nucleus.*
4. **ABYLE** trigone. 4.a. *Part. post.* 4.b. *Part. ant. ou viscérale.* 5. 5.a.
5.b. **ENNÉAGONE** hyalin *sous différens aspects.* 5.c. *Part. viscérale.*
5.d. *Nucleus.* 6. **CUBOÏDE** vitré *grand. nat.* 6.a. *Le même grossi.*

Prêtre pinx.! Turpin direx.! Bocourt sculp.!

1. DIPHYE de Bory entière de profil. 1.a. Part. ant. de la même.
1.b. Part. post. 1.c. D. de Bory grossie. 1.d. Part. post. de la même.

1. CUCUBALE cordiforme. 2. CAPUCHON de Dorey. 3. PYRAMIDE tétragone. 4. PRAIA douteux. 5. TÉTRAGONE hispide. 5. a *Détails du même.* 6. SULCÉOLAIRE quadrivalve. 7. GALÉOLAIRE austral. 8. BOSACE de Ceuta. 9. NOCTILUQUE miliaire. 10. DOLIOLE de la méditerranée.

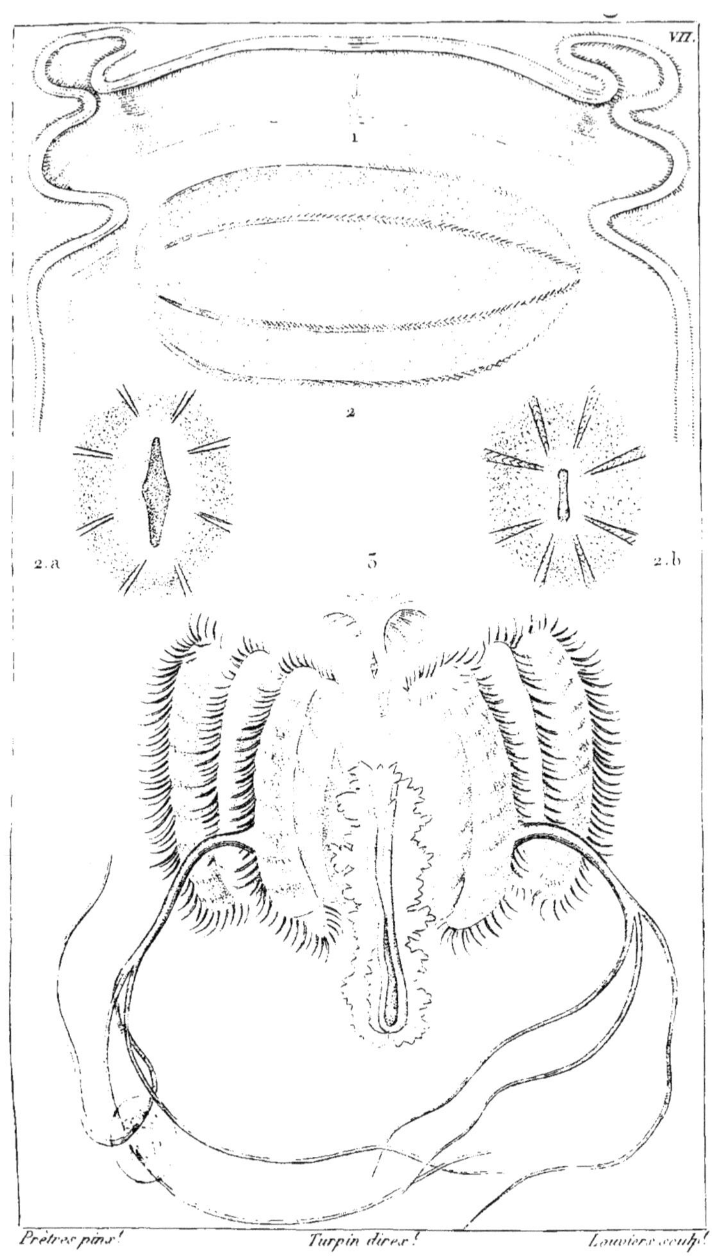

1. CESTE de Vénus. 2. 2a. 2b. BÉROÉ oval.

5. CALLIANIRE triploptère.

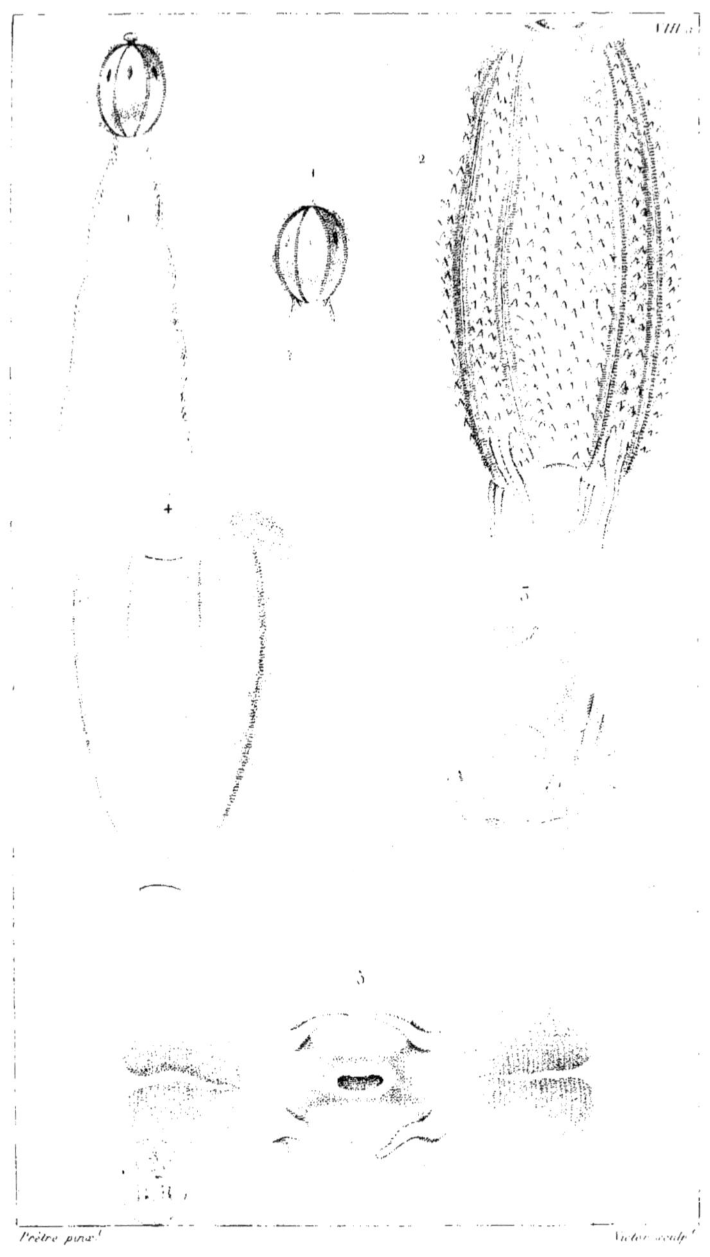

Prêtre pinx.   Victor sculp.

1.CYDIPPE globuleuse. 2.EUCHARIS de Tiedmann. 3.CALYMNE
de Tréviranus. 4.MNÉMIE de Schweiger. 5.ALCYNOË vermiculée.

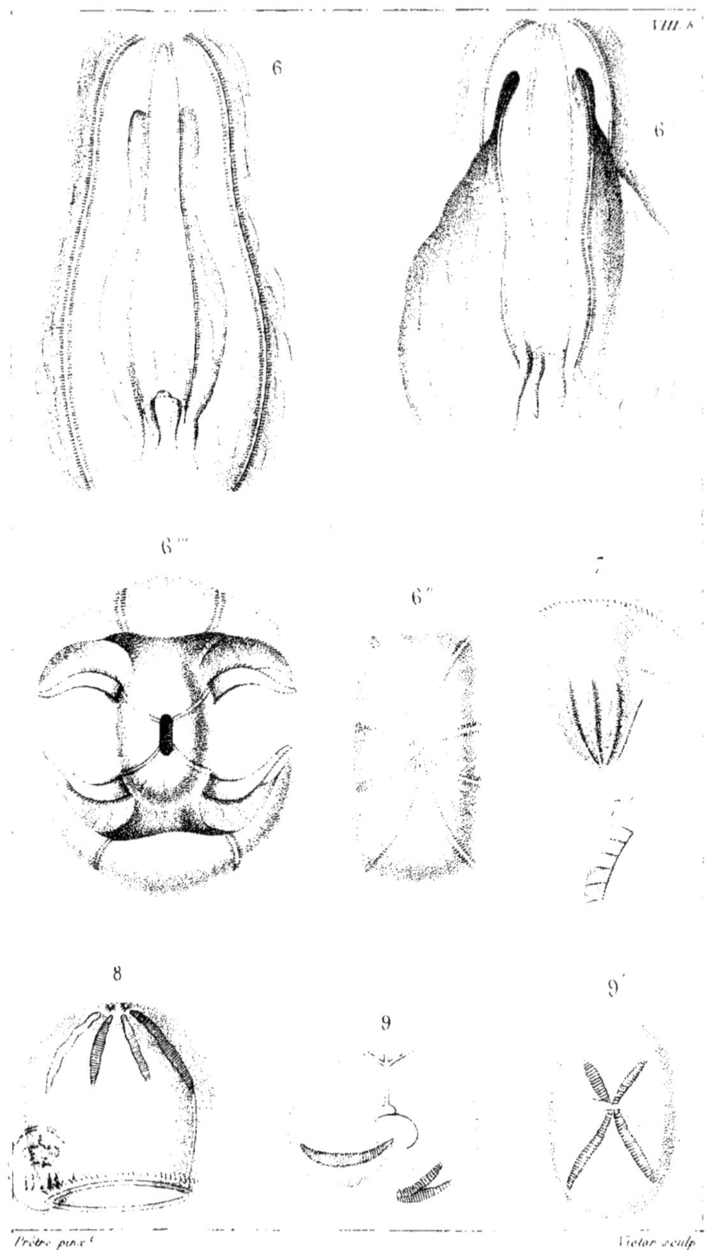

Prêtre pinx.

Victor sculp.

6.OCYROË crystalline, 7.BÉROË *(MÉDÉE)* vaisseaux-roux.
8.BÉR. *(PIANDORE)* de Fleming. 9.AXIOTIME de Gaïde.

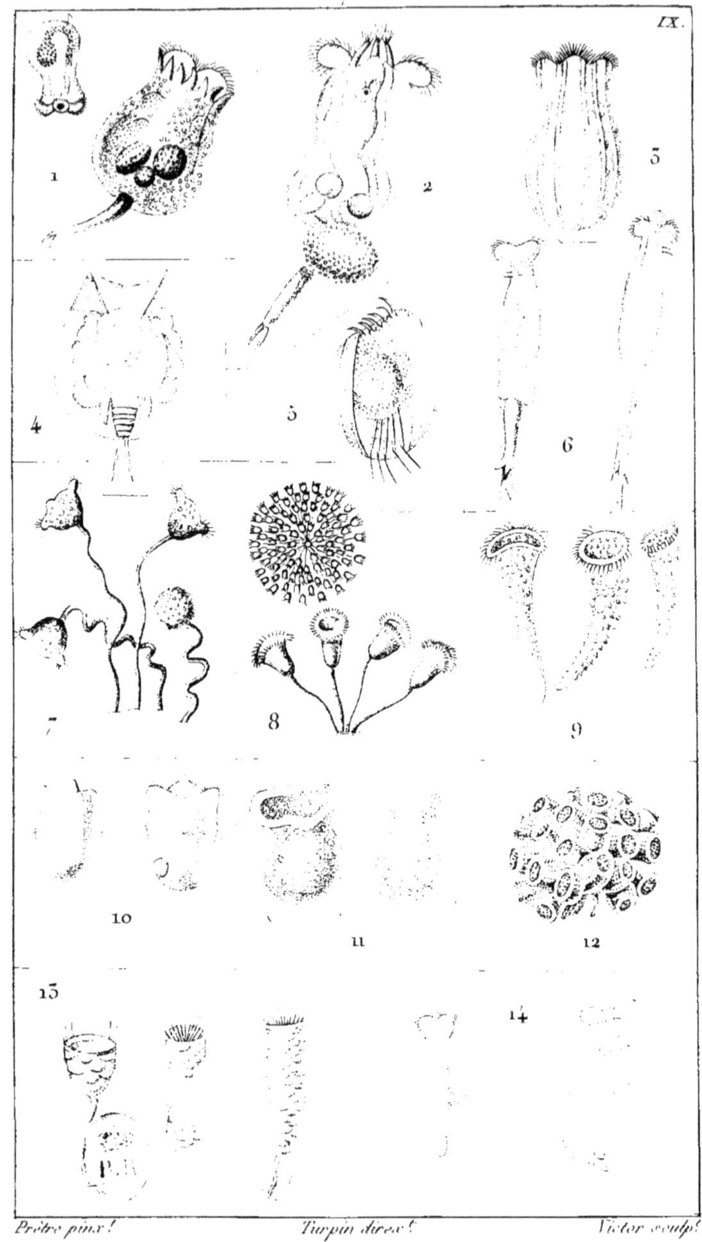

Prêtre pinx.ᵗ   Turpin direx.ᵗ   Victor sculp.ᵗ

1.BRACHION urcéolaire. 2.B. plicatile. 3.B. strié. 4.B. brac-
tée. 5.B. patelle. 6.FURCULAIRE revivifiable. - VORTICELLE
hémisphérique. 8.V. sociale. 9.V. trompette. 10.URCÉOLAIRE
appendiculée. 11.U. cirrheuse. 12.U. nèfle. 13.VAGINICOLE lo-
cataire. 14.FOLLICULINE ampoule.

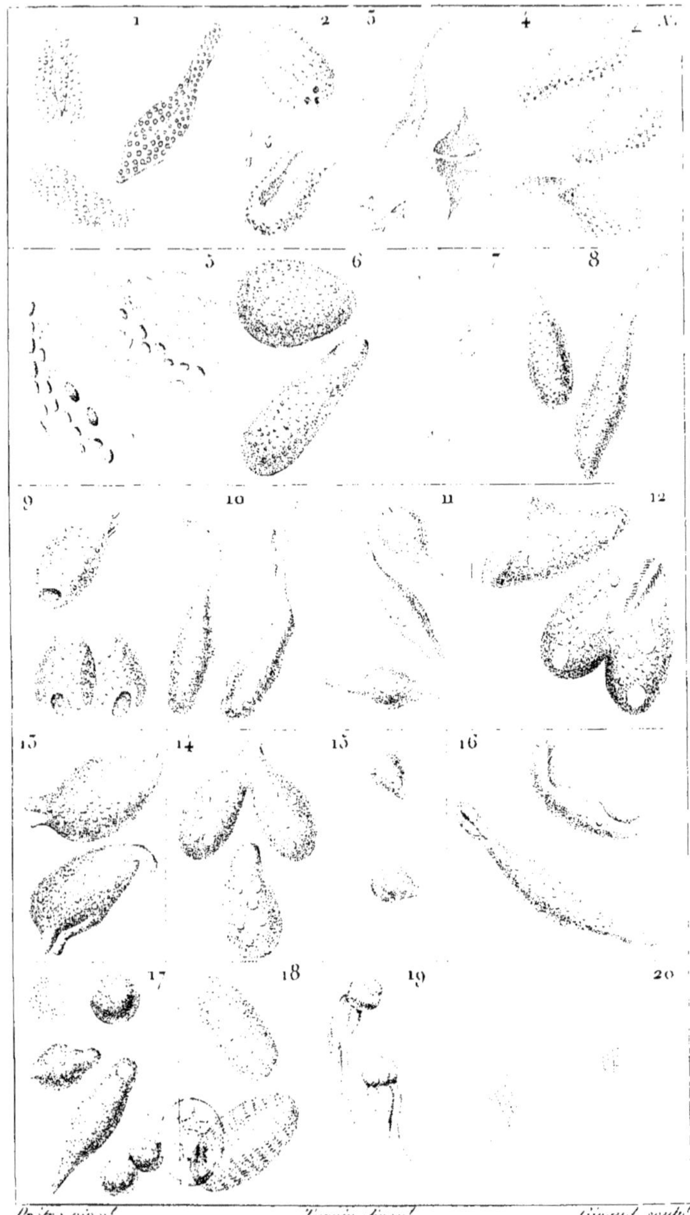

Prêtre pinx.   Turpin direx.   Pr. Giraud sculp.

1.PARAMÉCIE aurelie. 2.BURSAIRE troncatelle. 3.B. hirondeau. 4.KOL= PODE coucou. 5.K. pintade. 6.LEUCOPHRE verdâtre. 7.L. noduleuse. 8.TRICHODE canard. 10.T. melitée. 9.T. pourprée. 11.T. versatile. 12.T. orau= gée. 13.T. bipéde. 14.T. lièvre. 15.T. toupie. 16.T. baillante. 17.CERCAIRE podure. 18.C. hérissée. 19.C. catelle. 20.PARAMÉCIE océanique.

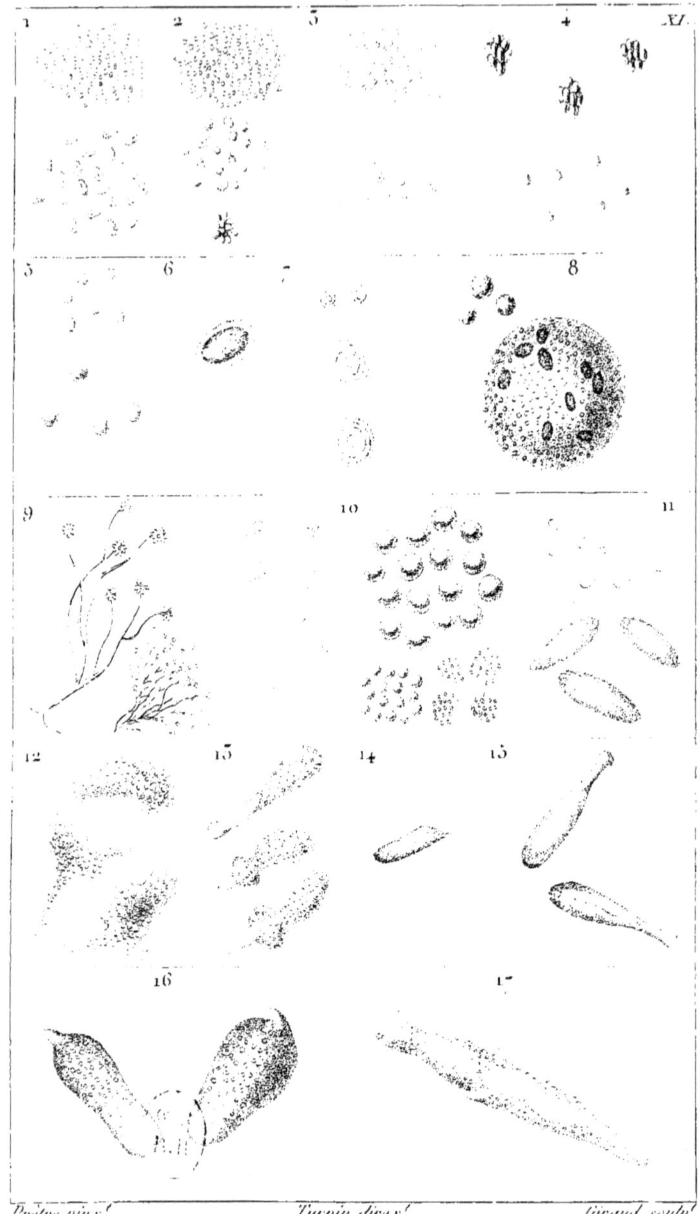

1. MONADE atôme. 2. M. pulviscule. 3. M. œil. 4. M. grappe. 5. VOLVOCE point. 6. V. grain. 7. V. grésil. 8. V. globuleux. 9. V. végétant. 10. GONI-UM pectoral. 11. CYCLIDE noirâtre. 12. PROTÉE rameux. 13. P. tenace. 14. ENCHELIDE verte. 15. E. cheville. 16. E. papille. 17. E. larve.

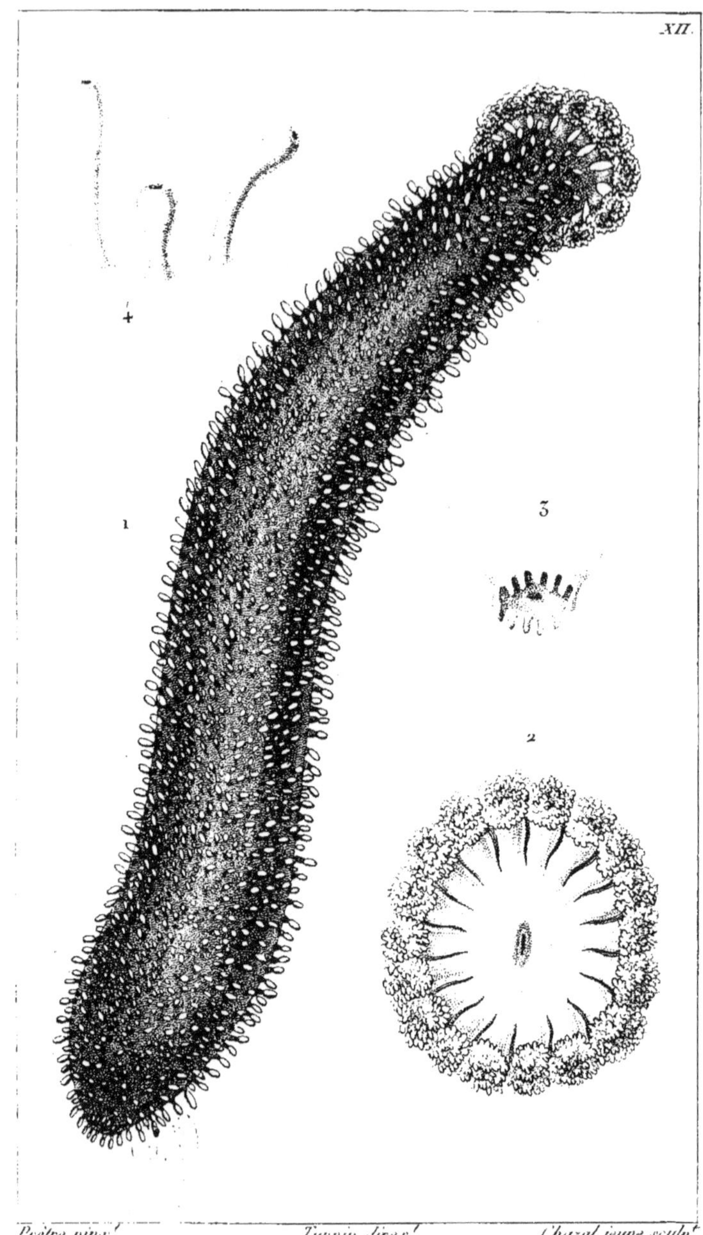

1. HOLOTHURIE tubuleuse. 2. Extrémité orale. 3. Extrémité anale. 4. Quelques cirrhes grand. nat.

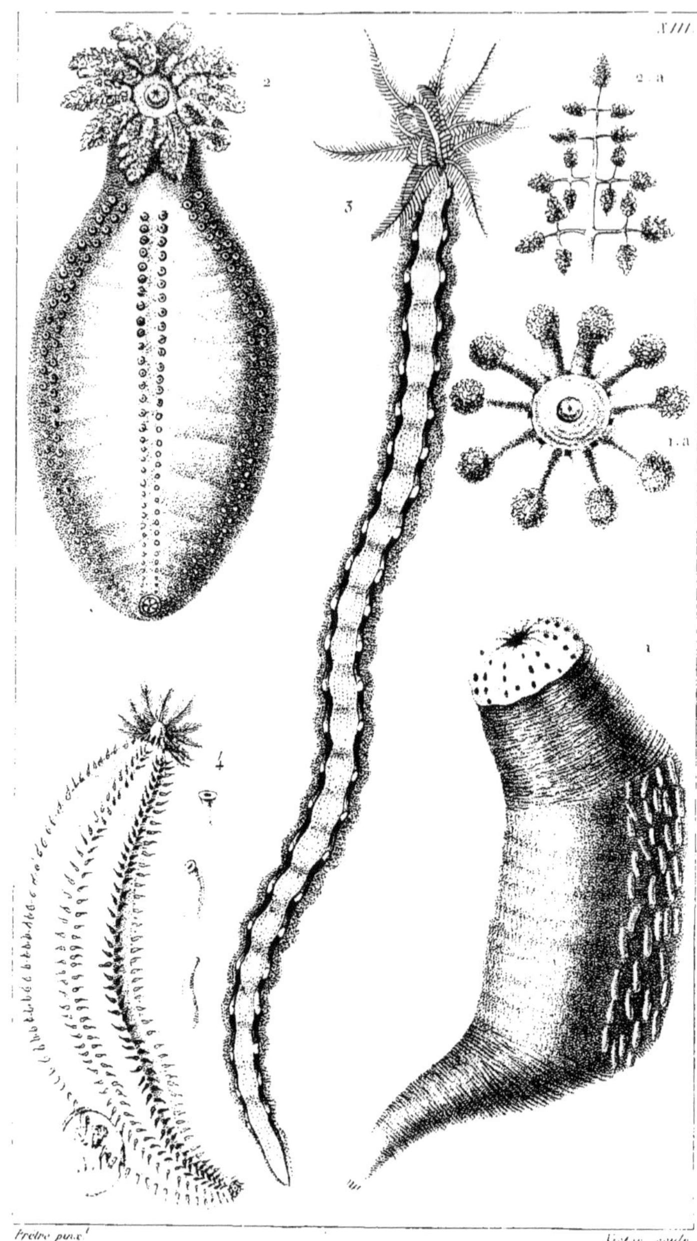

1. HOLOTHURIE phantope. 1.a *Ses appendices buccaux.* 2. HOL. papilleuse. 2.a. *Un rameau de ses append.ᵉ bucc.ᵉ isolé.* 3. HOL. à bandes. 4. HOL. concombre.

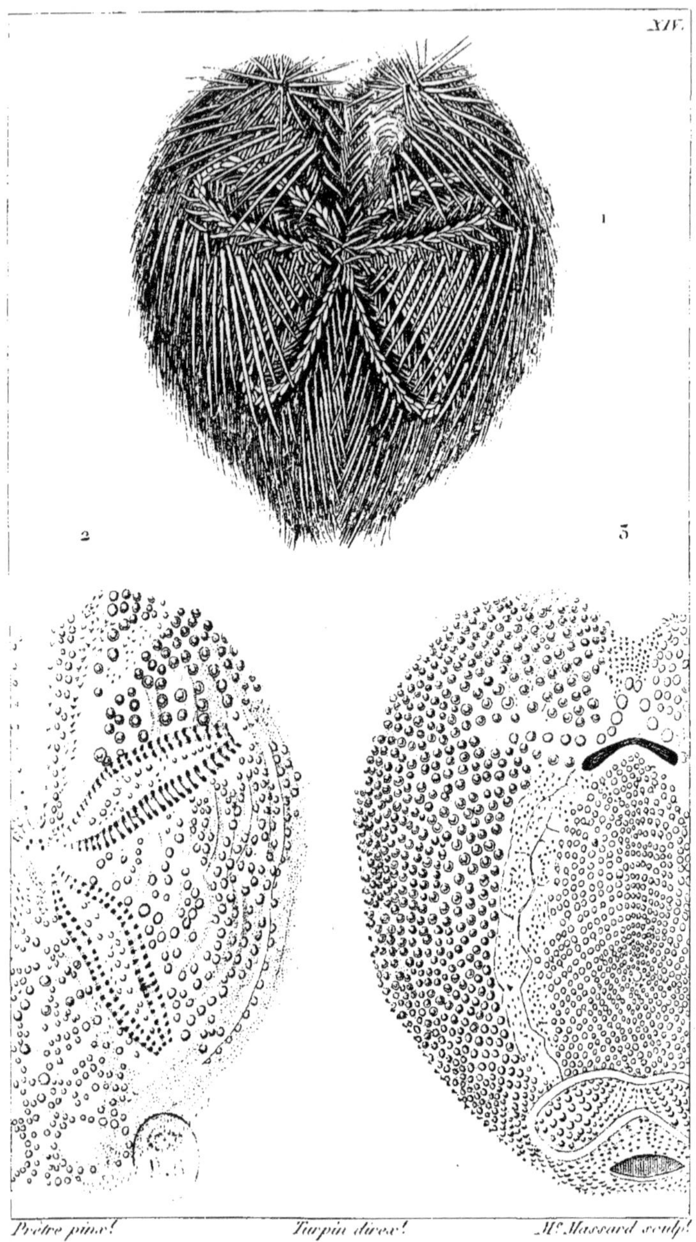

Pretre pinx.	Turpin direx.	M.ᵉ Massard sculp.

1.SPATANGUE violet, en dessus et couvert de ses piquants. 2. Le même en dessus, dépouillé. 3. Le même en dessous.

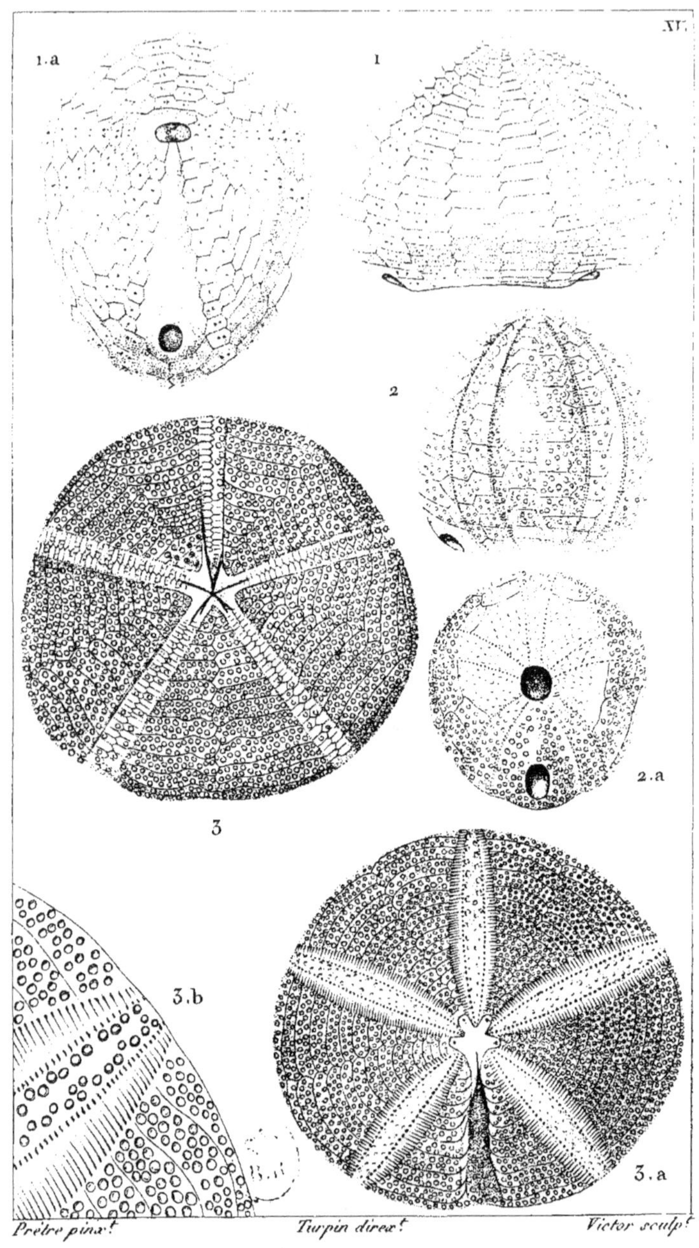

1. ANANCHITE ovale. *(Lam.)* 1.a. *Id. vue en dessous.*

2. GALÉRITE globuleuse. *(Lam.)* 2.a. *Id. vue en dessous.*

3. ECHINOCLYPE Patelle. *vu en dessous.* 3.a. *Idem vu en dessus.* 3.b. *Idem portion grossie.*

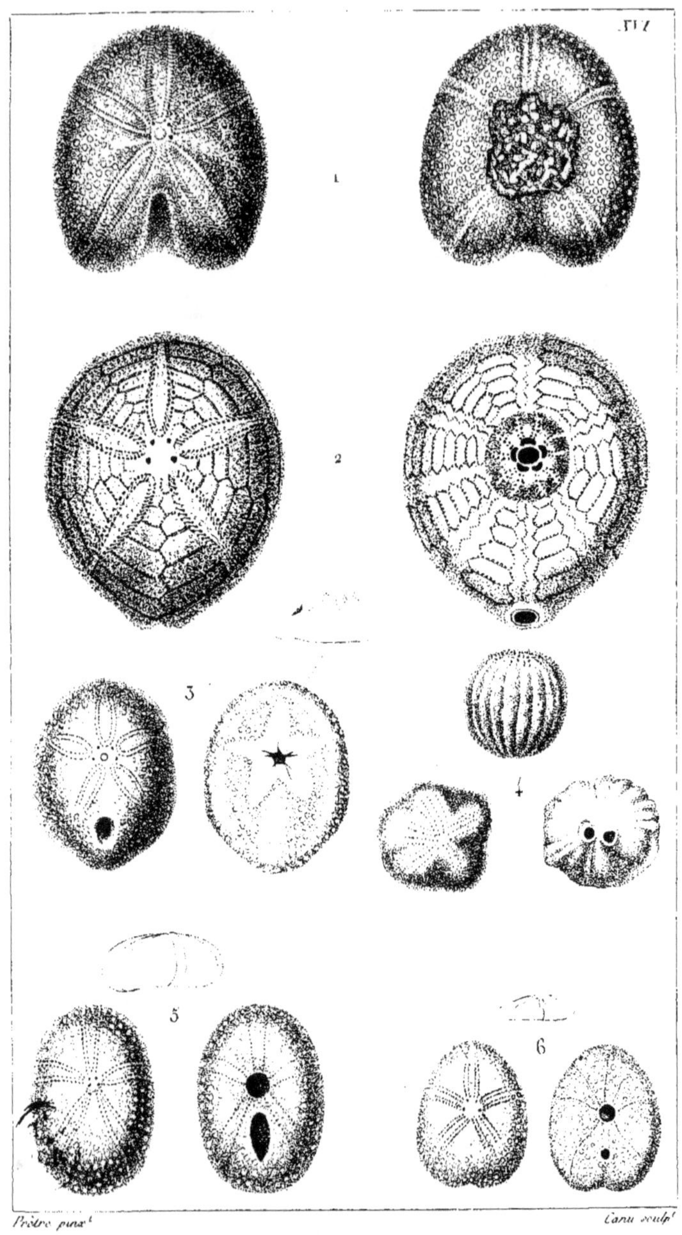

Prêtre pinx. Canu sculp.

1. NUCLÉOLITE écusson. 2. ECHINOLAMPE oriental. 3. CASSIDULE pierre-de-crabe. 4. FIBULAIRE craniolaire. 5. ECHINONCÉ cyclostome. 6. ECHINOCYAME mignon.

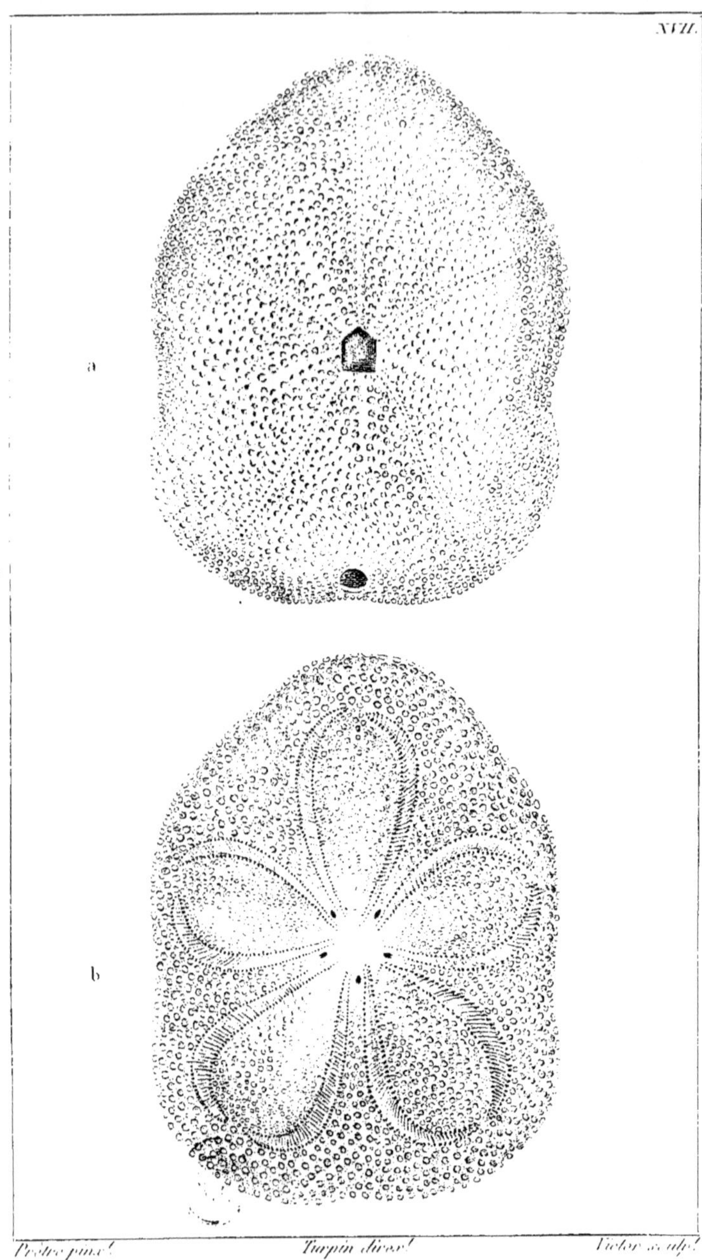

CLYPÉASTRE rosacé. a. en dessous b. en dessus.

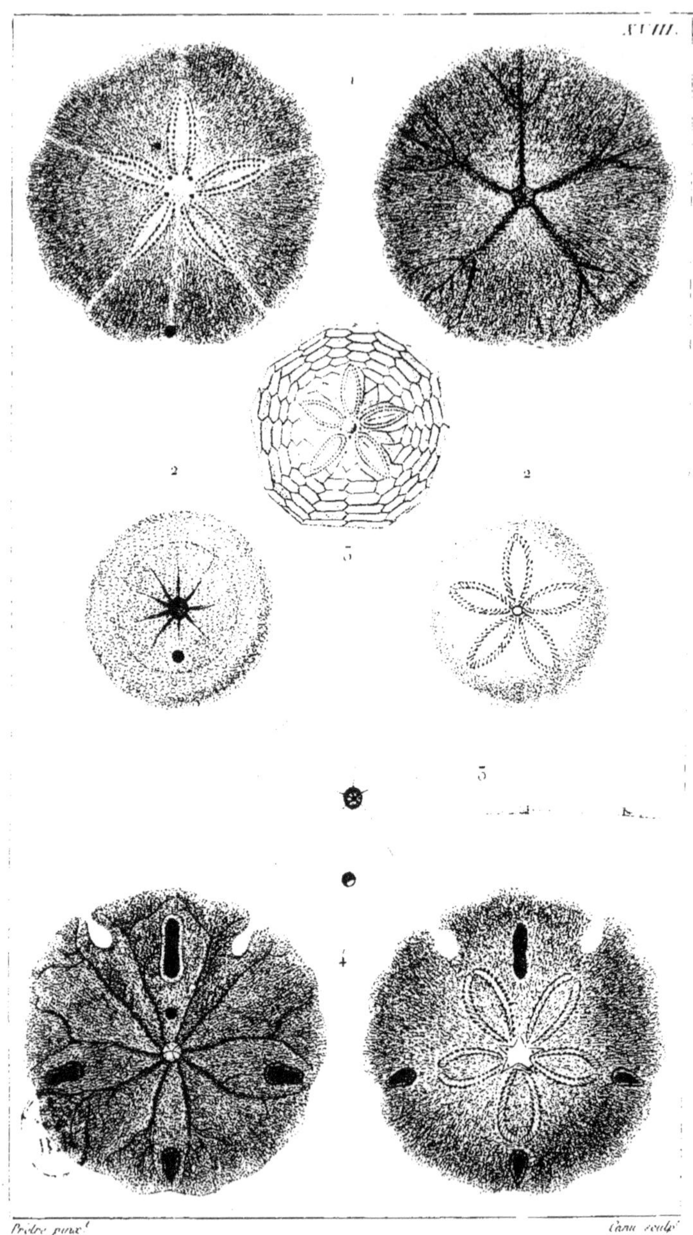

1. PLACENTULE rondache . 2. LAGANE orbiculaire . 3. L. décagône.
4. SCUTELLE à quatre trous.

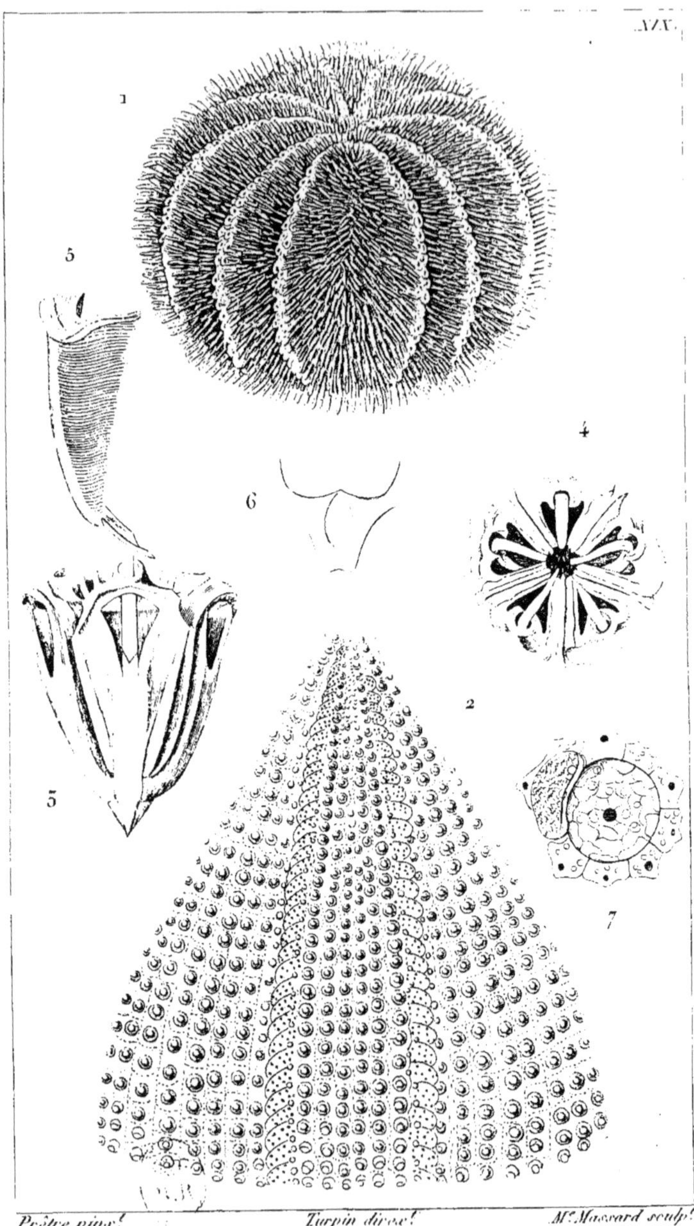

1. **OURSIN** comestible. 2. Partie du tet dépouillé. 3. Appareil dentaire, de profil. 4. Le même, en dessus. 5. Une dent. 6. Un apophyse d'insertion. 7. Orifices des ovaires.

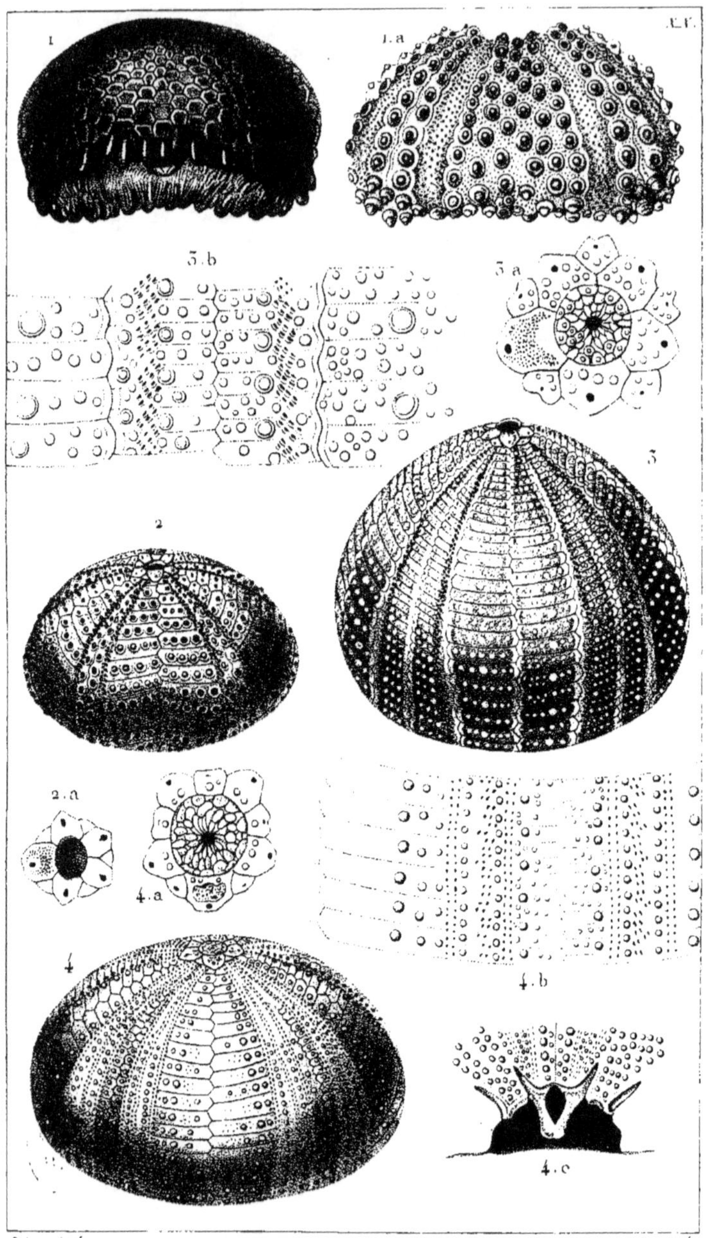

1. ECHINOMÈTRE artichaut. 1.a. *Le même dépouillé.* 2. OURSIN pustuleux. 2.a. *orifice des ovaires.* 3. OUR. melon de mer. 3.a. *orif. des ov.* 3.b. *portion du têt dépouillé montrant les ambulacres grossis.* 4. OUR. enflé 4.a. *orif. des ov.* 4.b. *ambul. gros.* 4.c. *portion gros. de l'ouverture du têt montrant une auricule.*

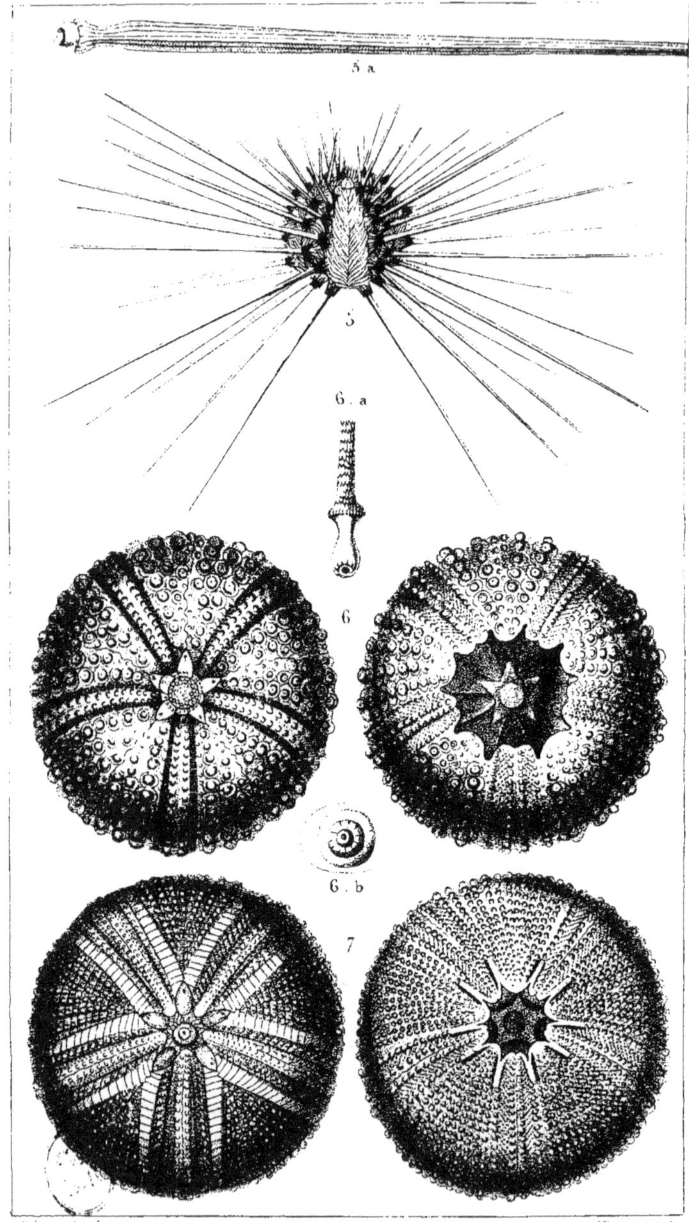

5. CIDARITE porc-épic. 5 a. *Une des longues épines du même gross.* 6. C. diadème 6. a. *Base de l'épine gross.* 6. b. *Tubercule mamelonné gross.* 7. C. rayonné

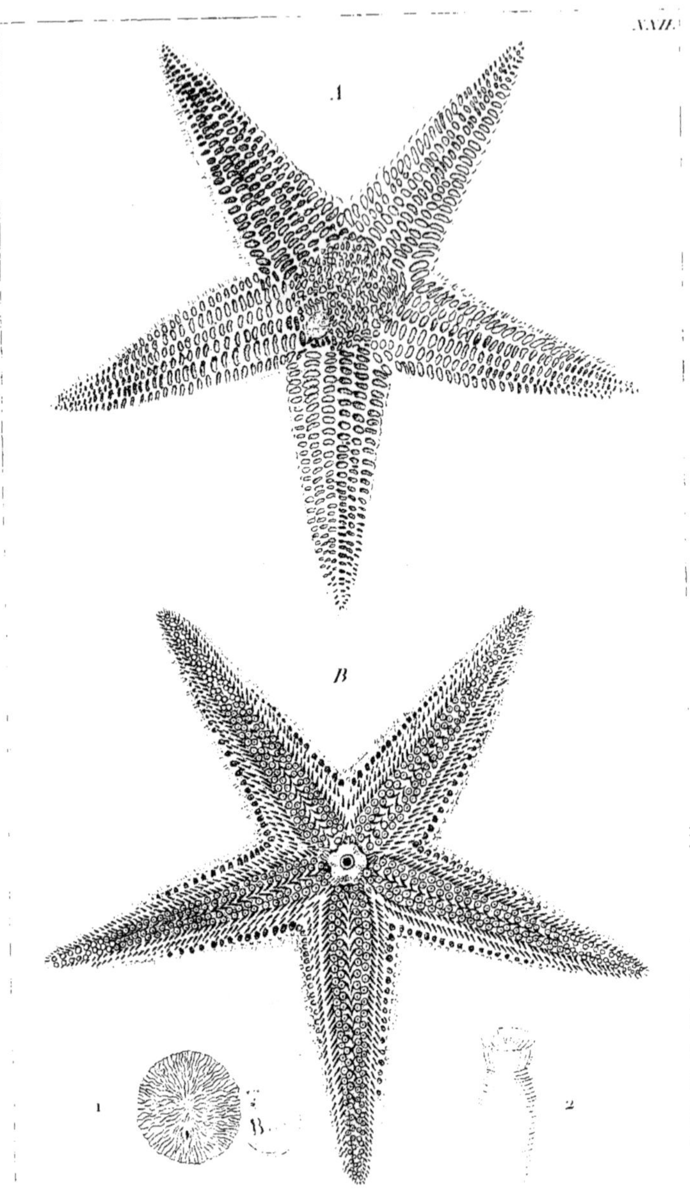

Prêtre pinx. Turpin direx. Massard sculp.

A. ÉTOILE DE MER commune *vue en dessus. B. Id. vue en dessous.*
1. Tubercule madréporiforme, grossi. 2. Suçoir tentaculiforme, grossi.

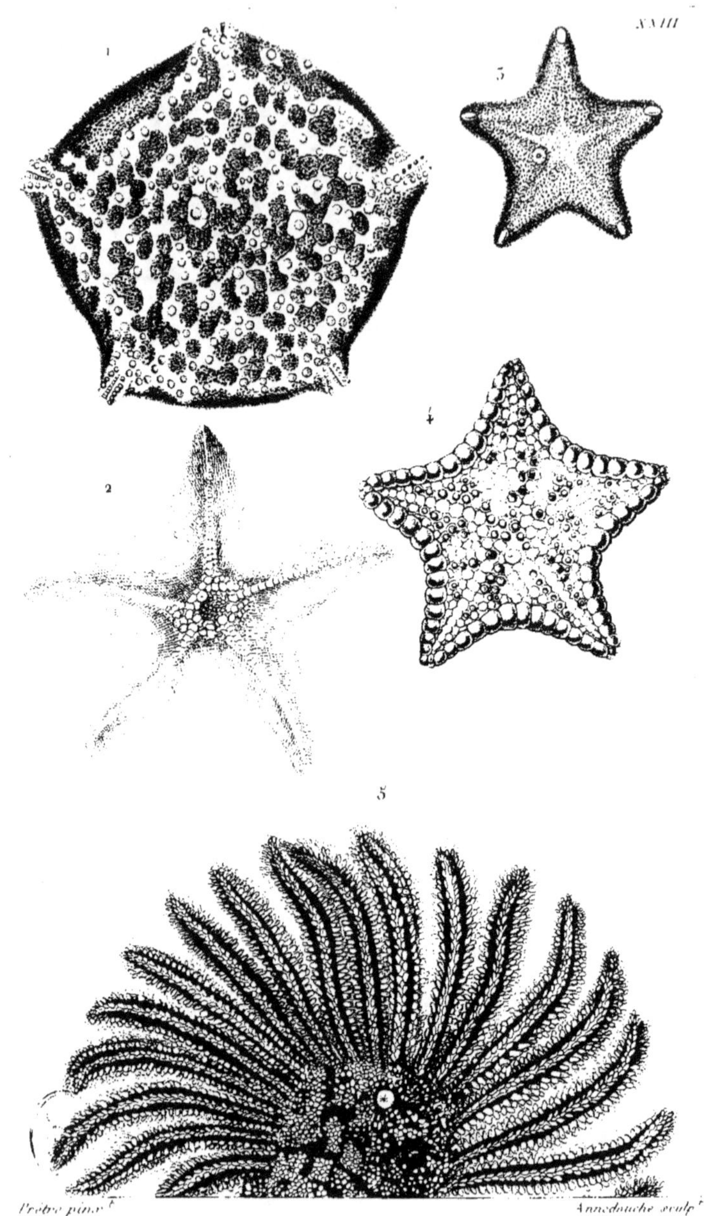

1. ASTÉRIE discoïde. 2. AST. patte-d'oie. 3. AST. gentille
4. AST. parquetée. 5. AST. héhanthe.

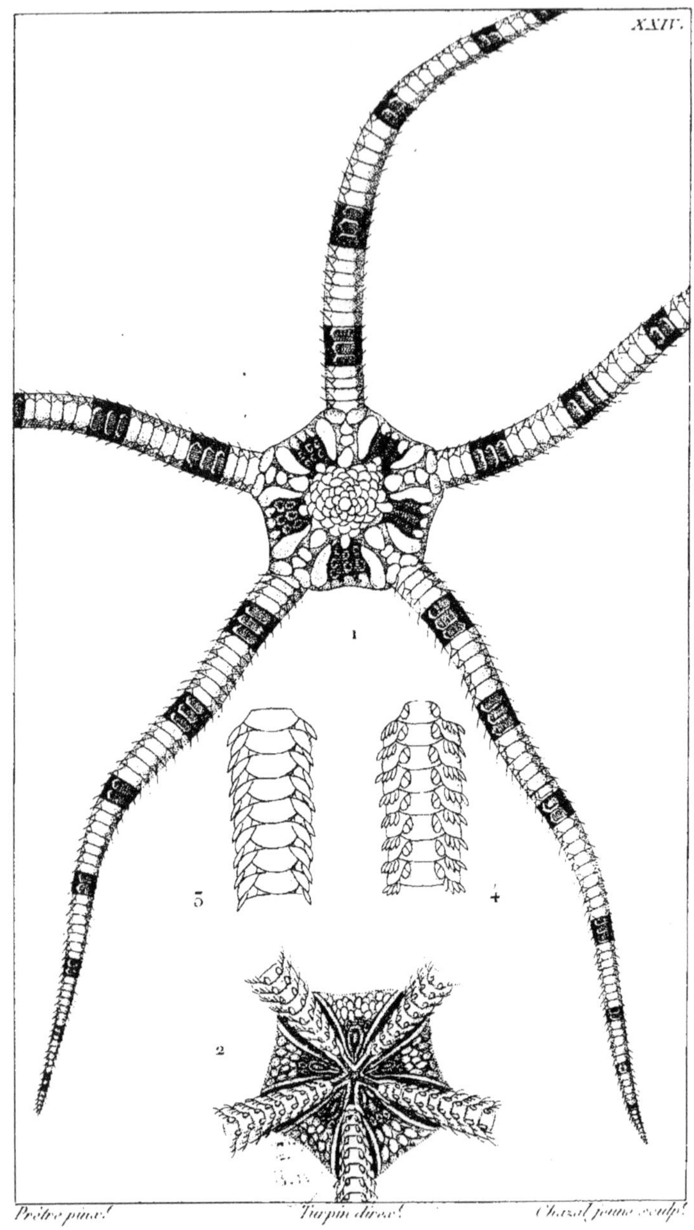

Prêtre pinx.t Turpin direx.t Chazal jeune sculp.t

1. OPHIURE annuleuse, *en dessus.* 2. *Son corps en dessous.*

3. *Partie d'un de ses appendices grossi, en dessus.* 4. *Id. en dessous.*

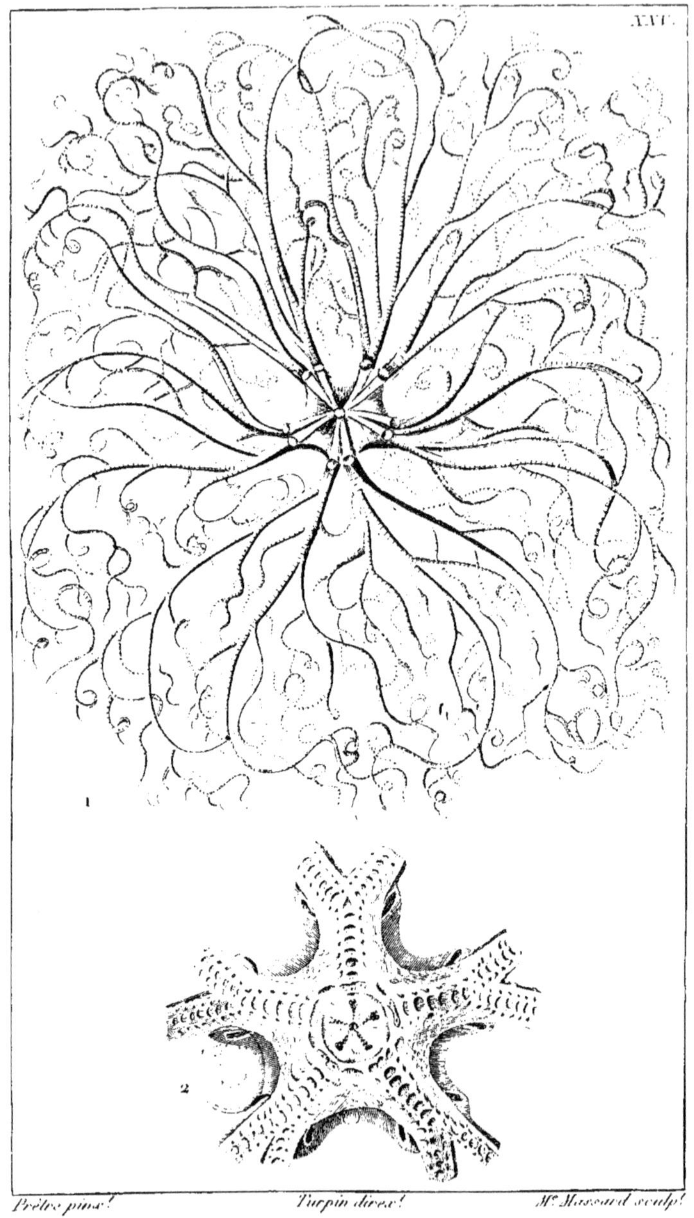

Prêtre pinx.   Turpin direx.   Mre Massard sculp.

1. EURYALE à côtes lisses, *en dessus.* 2. *Centre de la même
vue en dessous.*

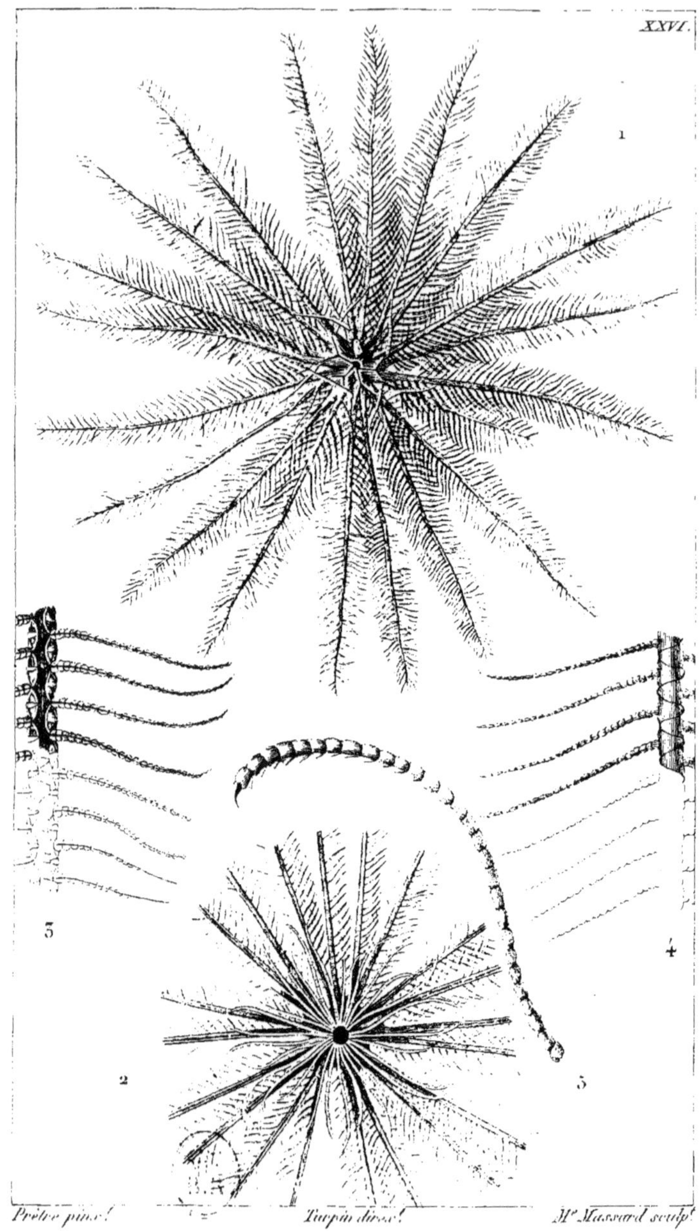

1. COMATULE de l'Adéone. Grand. nat. en dessous. 2. Id. en dessus.
3. Part. d'un append. en dessous et grossi. 4. Id. en dessus. 5. Un des rayons
dorsaux, grossi.

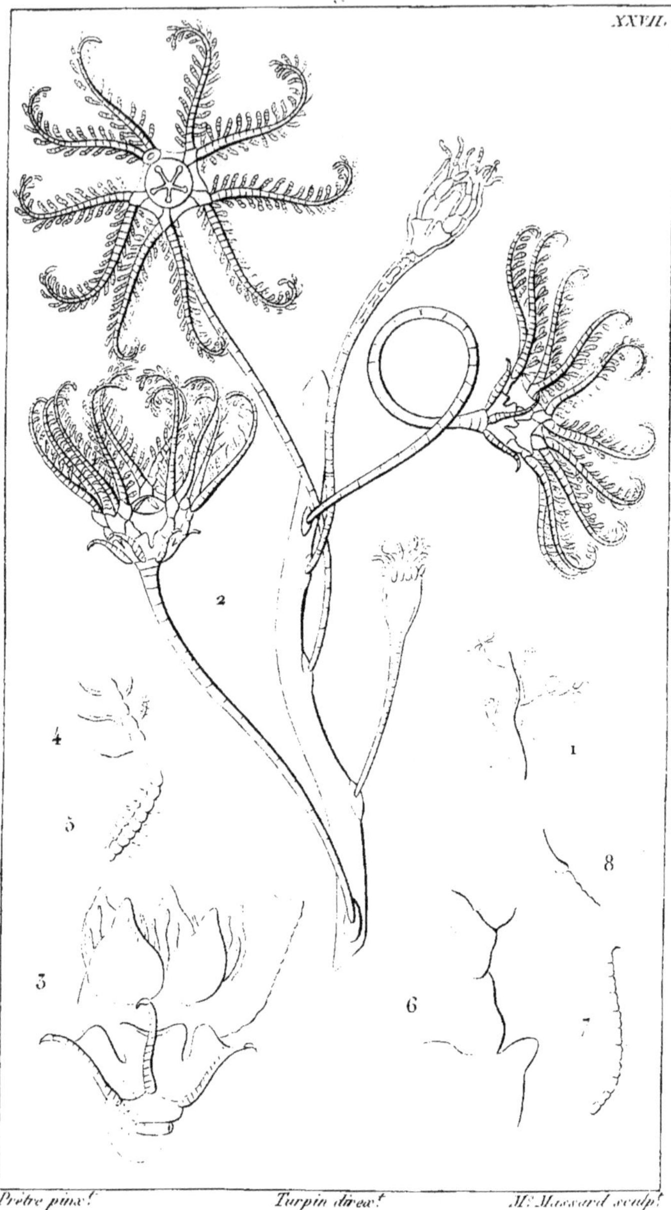

1. ENCRINE d'Europe, de grand. nat. 2. Id. grossi. 3. Son corps très grossi. 4. Base d'un bras ou appendice. 5. Partie d'un appendice. 6. Un des tentacules charnus. 7. Un des appendices auxilliaires. 8. Extré mité du même grossi.

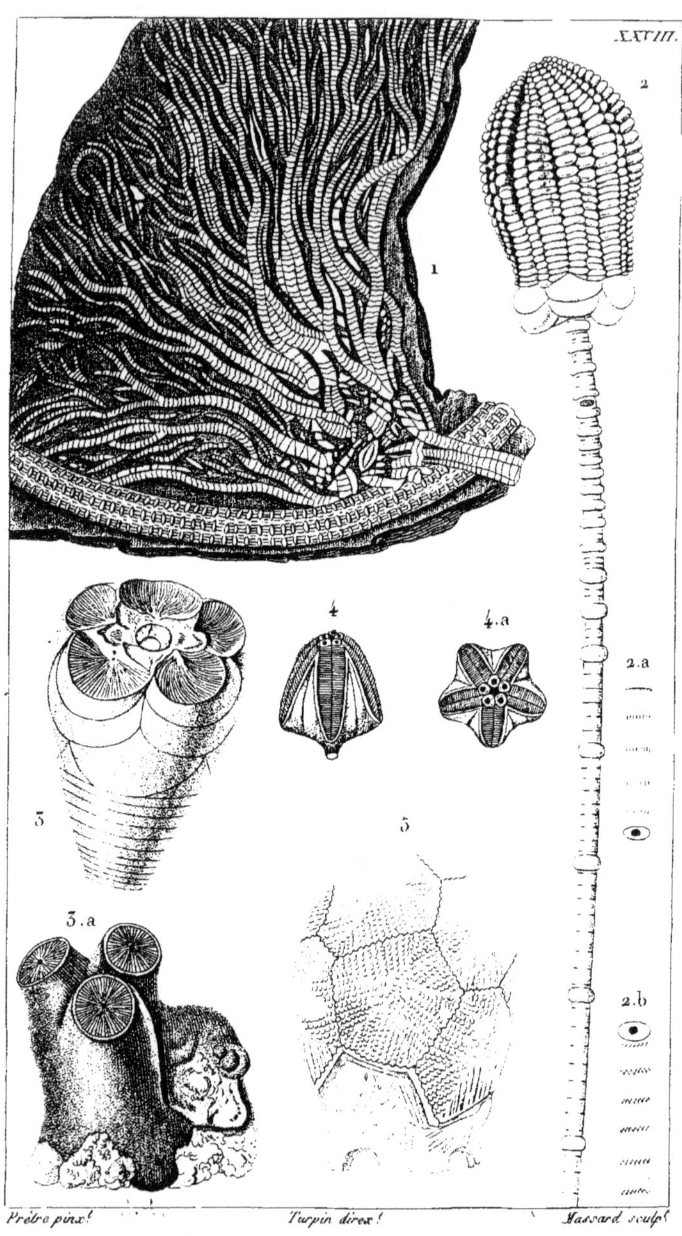

1. ENCRINE à panache. *(Actinocrinites polydactylus)*
2. PENTACRINE Encrine. *(Lam.)* 2.a et 2.b. *Id. tiges.*
3. ASTROPODE élégante. *(Def.) depuis apiocrinites rotundus (Mill.)* 3.a. *Id. son pied.*
4. PENTREMITE elliptique. 4.a. *Id. vue en dessus.*
5. MARSUPITE ornée. *(Brong.)*

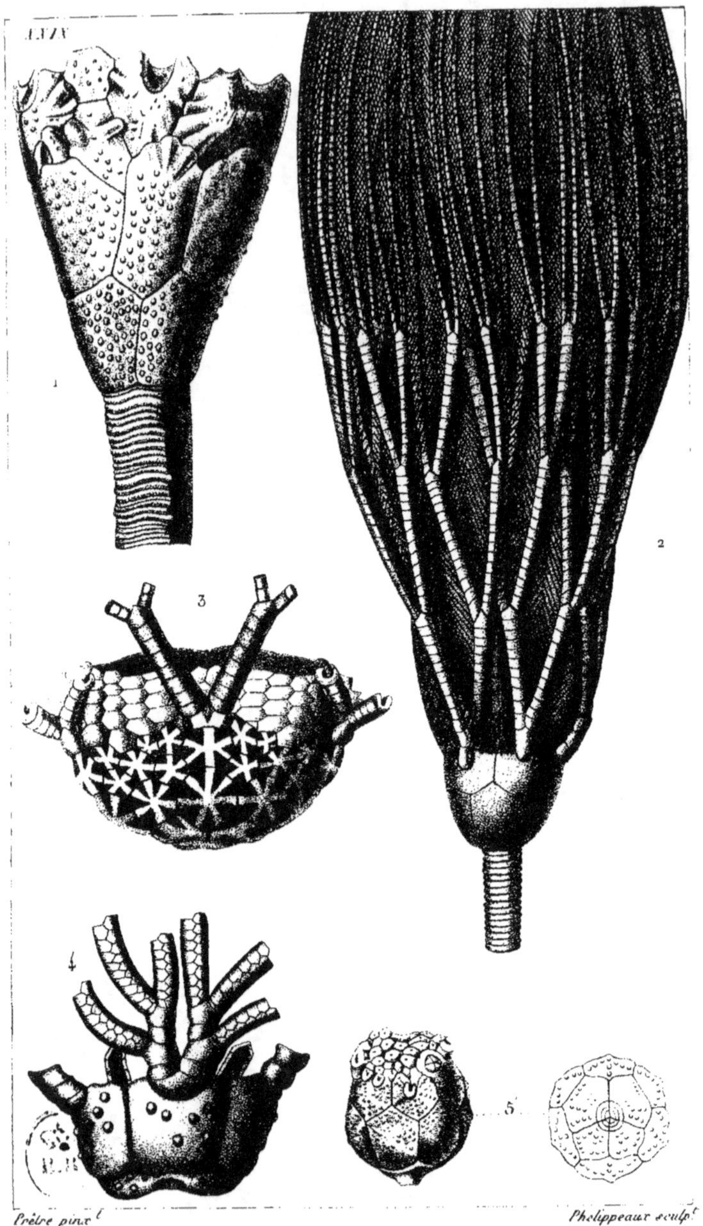

1. POTÉRIOCRINITE épais. 2. CYATHOCRINITE plan. 3. RHODOCRINITE vrai. 4. PLATYCRINITE rugueux. 5. CARYOCRINITE orné.

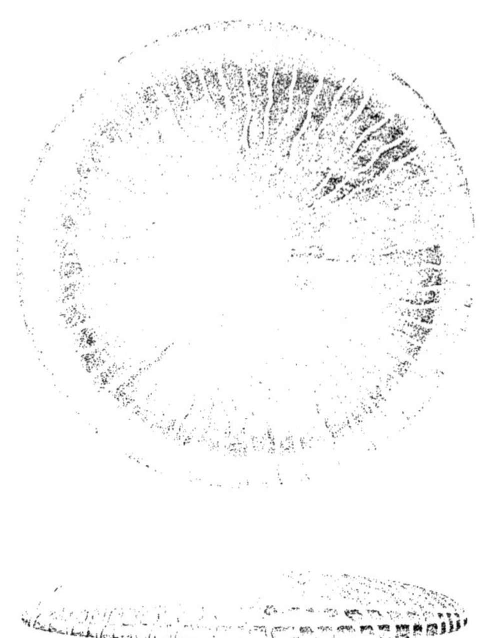

Prêtre pinx.^t   Turpin direx.^t   Victor sculp.^t

1. EUDORE onduleuse, en dessus.
2. La même, de profil. 3. La même, en dessous.

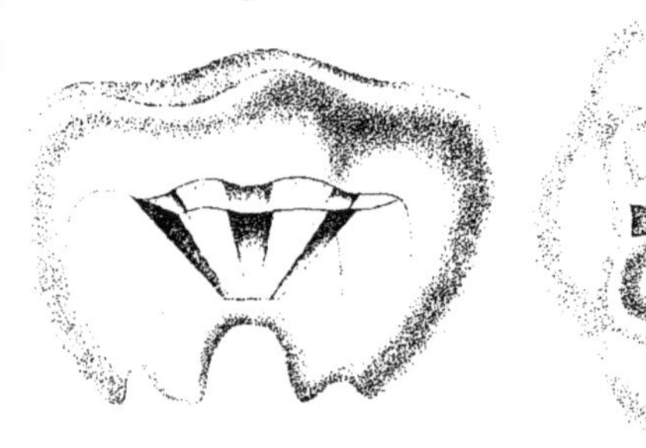

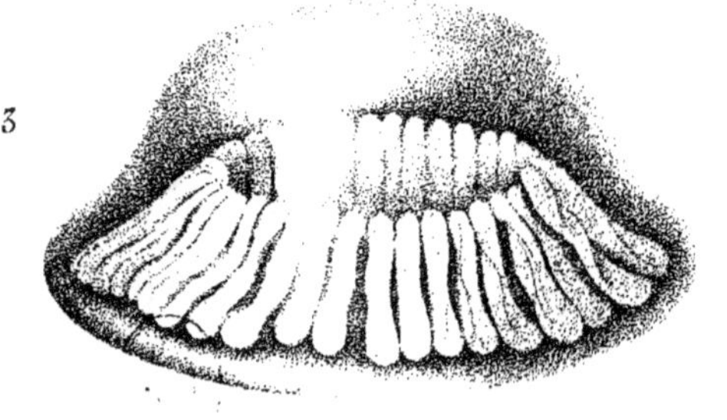

Prêtre pinx.   Turpin direx.   Victor sculp.

1. CARYBDÉE périphylle
2. PHORCINIE cudonoïde, *de profil.* 2a. *en dessous.*
3. EULYMÈNE cyclophylle.

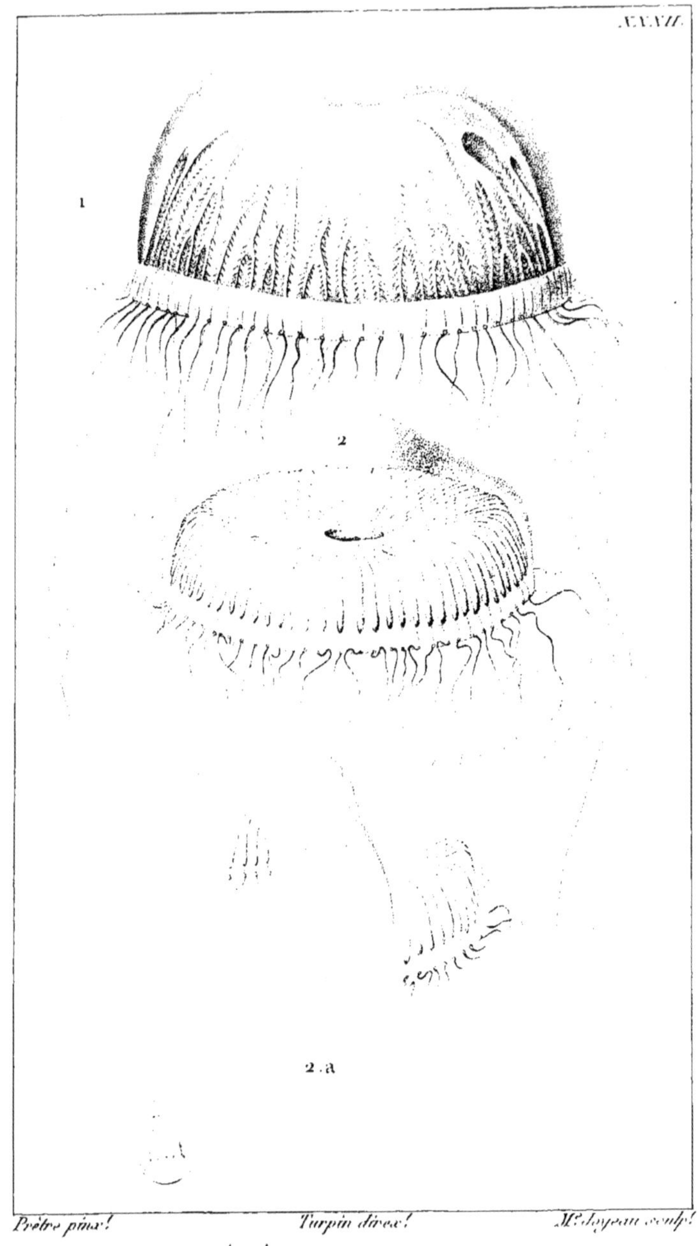

Prêtre pinx.t   Turpin direx.t   M.lle Joyeau sculp.t

1. BÉRÉNICE euchrome.
2. EQUORÉE cyanée. 2 a. Une portion de la même.

1. FOVÉOLIE mollicine. 2 PÉGASIE dodécagone. 3. OCÉANIE
phosphorique 4. AGLAURE pénicillée.

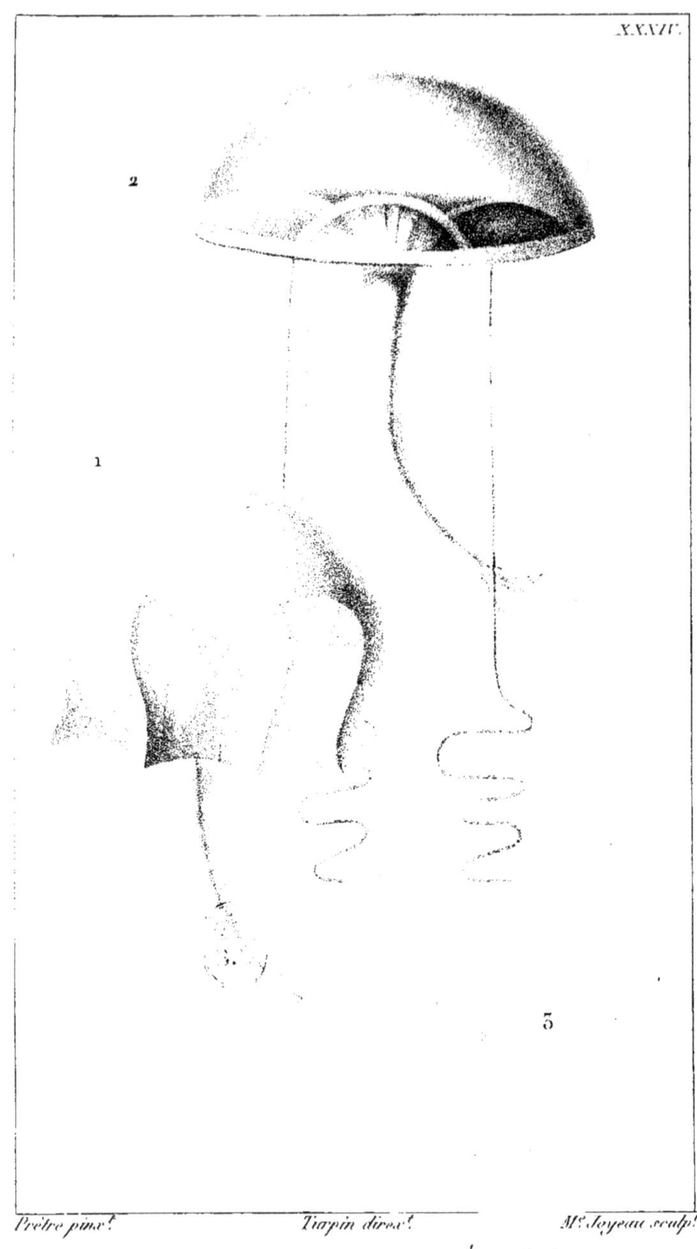

Prêtre pinx. Turpin direx. Me Joyeau sculp.

1. ORYTHIE verte. 2. DYANÉE Gabest.
5. GÉRONYE tétraphylle.

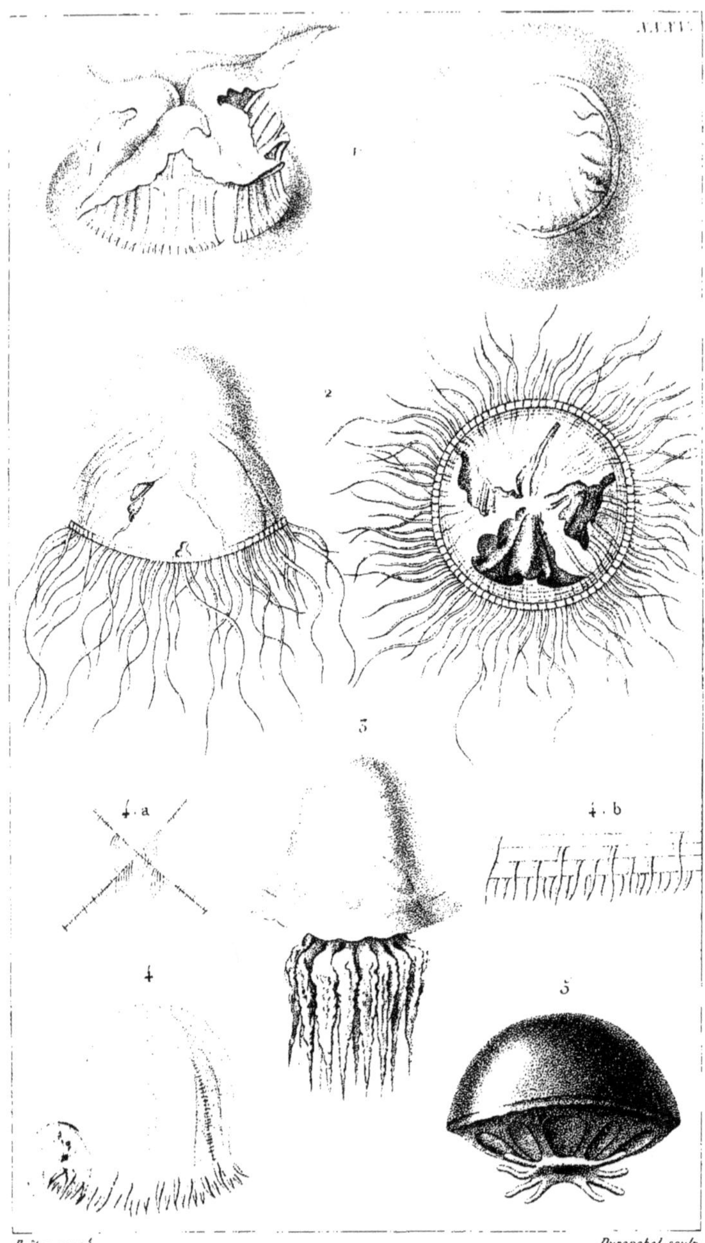

1. OCYROË labiée. 2. CALLIRHOË bastérienne. 3. EVAGORE che-
velue. 4. MELICERTE campanulée 4.a. ses cirrhes marginaux 4.b. cirrhes
grossis 5. MÉLITÉE pourpre.

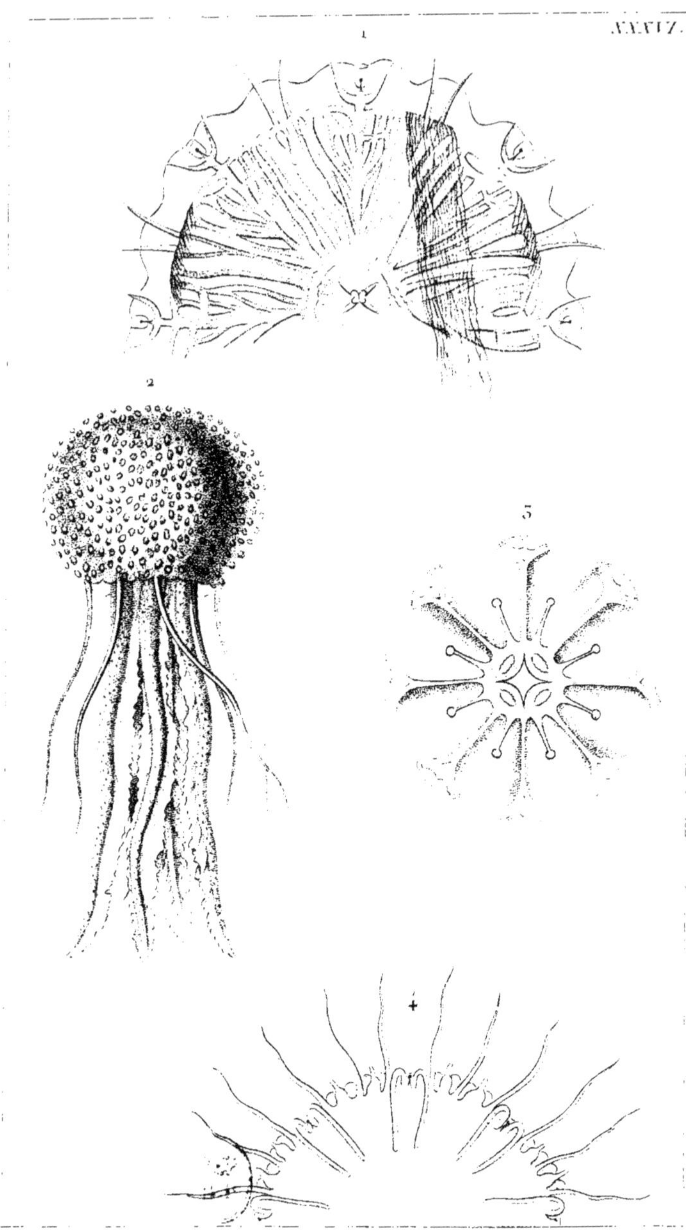

STHÉNONIE blanchâtre. 2 . PÉLAGIE cyanelle . 3. EPHYRE
huit-lobes. 4. CHRYSAORE lactée.

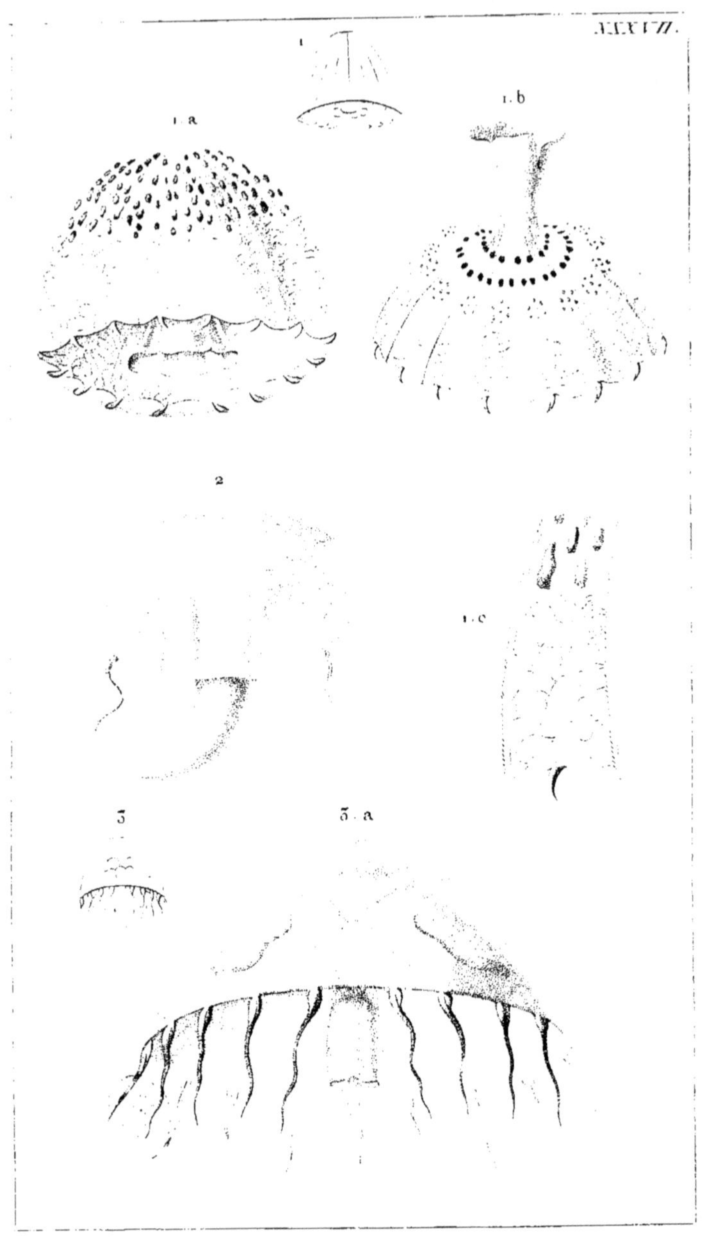

1. 1 a . 1 b . 1 c . LINUCHÉ onguiculée . 2 . CÉRYONIE bitentaculée .
3 . 3 a . THAUMANTIAS Cymbaloïde .

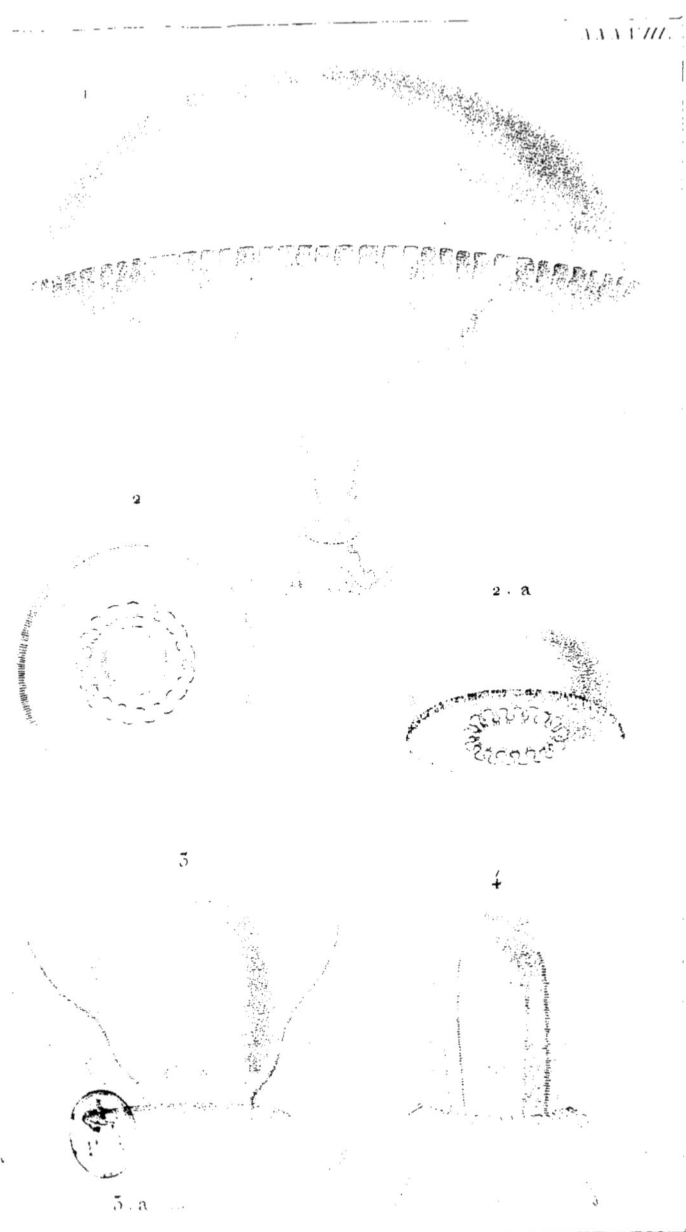

Trètre pinx.t   Victor sculp.

1.TIME flavilabre. 2.2.a.MÉSONÈME raccourcie. 3.3.a.CYTÉIS
tétrastyle. 4.MELICERTE penicillée.

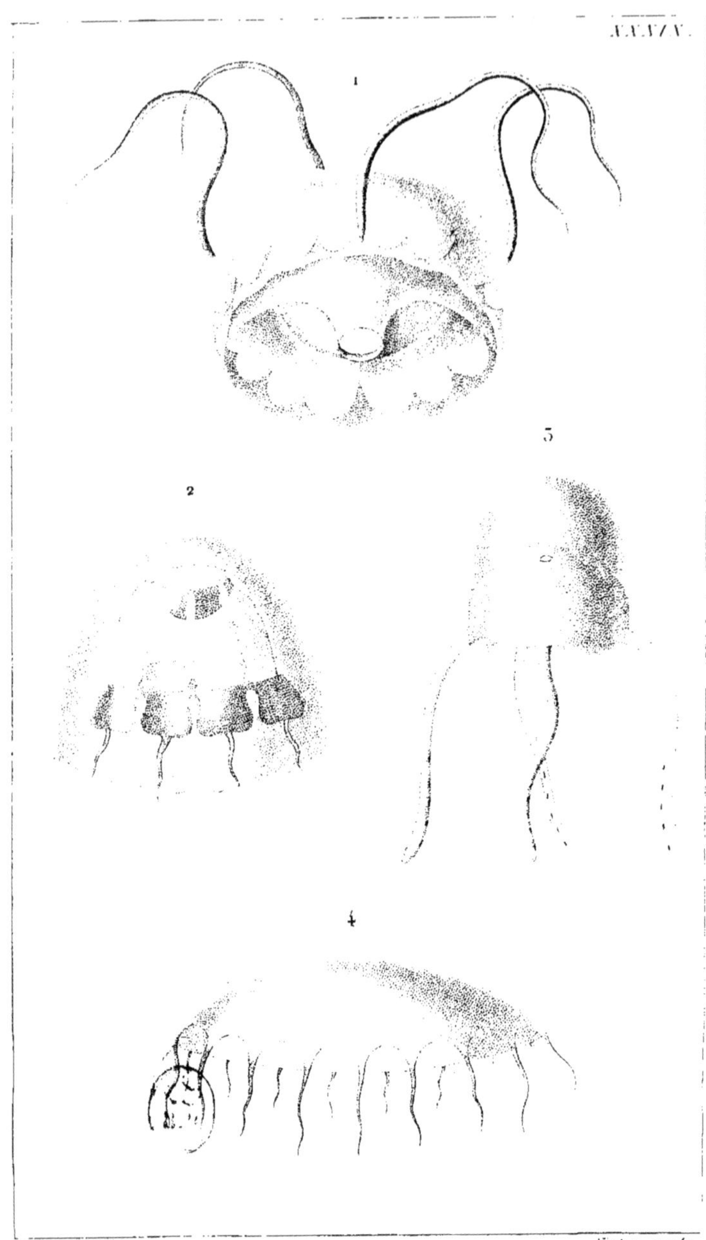

Prêtre pinx.^t   Victor sculp.

1. AEGINE Citrine. 2. CUNINE campanulée. 3. EURYBIE éxigue. 4. POLYXÉNIE cyanostyle.

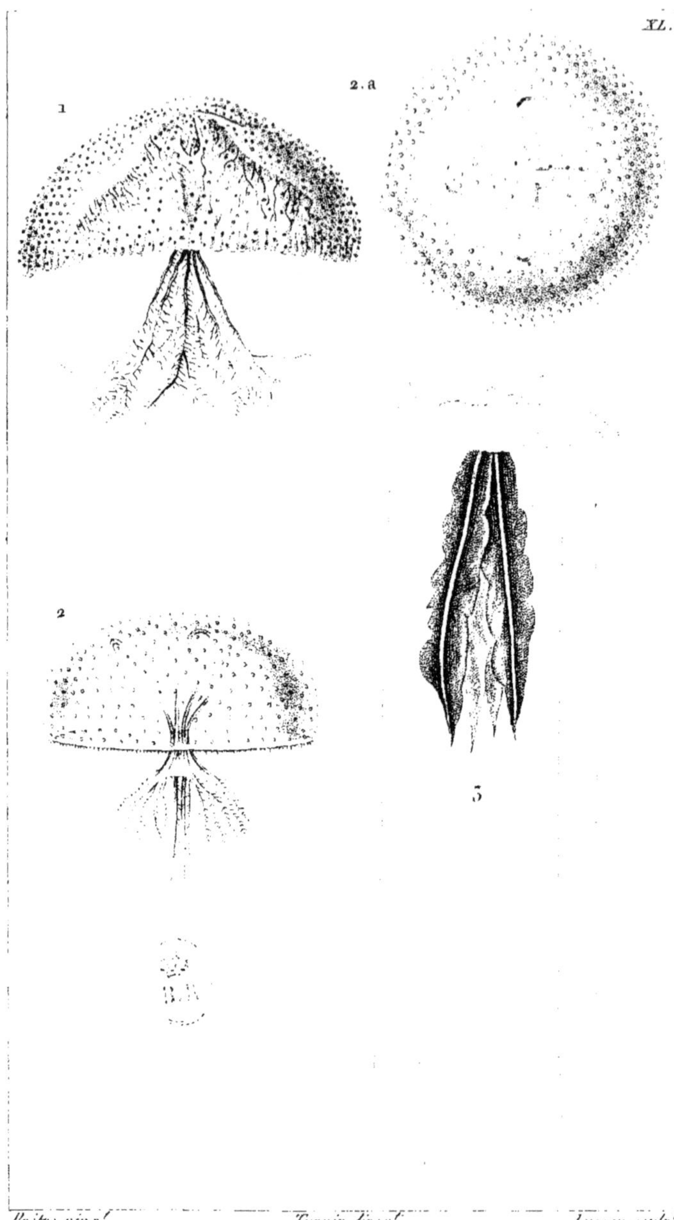

Prêtre pinx.t   Turpin direx.t   Joyeau sculp.t

1. FAVONIE octonème.
2.2a. LYMNORÉE trièdre.
5. PÉLAGIE Labiche.

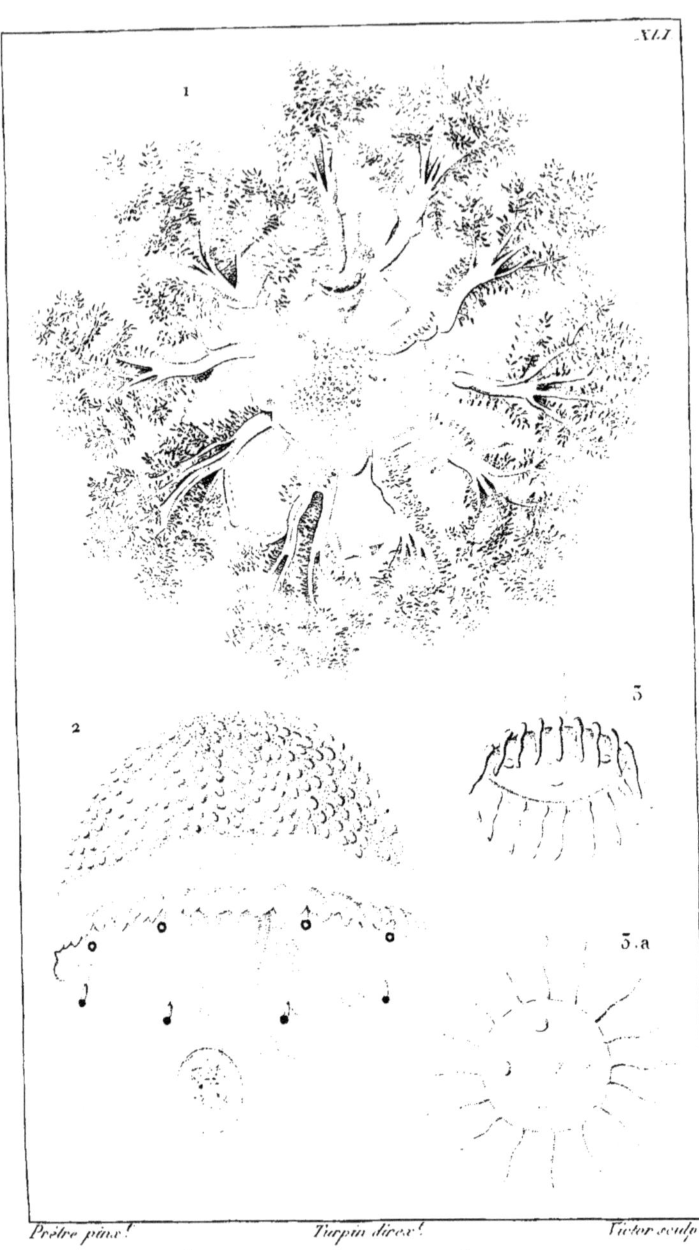

Prêtre pinx.!   Turpin direx.!   Victor sculp.!

1. CASSIOPÉE frondescente. 2. MÉLICERTE Perle.
3. OBÉLIE sphéruline. 3.a La même en dessous.

1

2

1. AURÉLIE labiée, de profil.

2. La même en dessous.

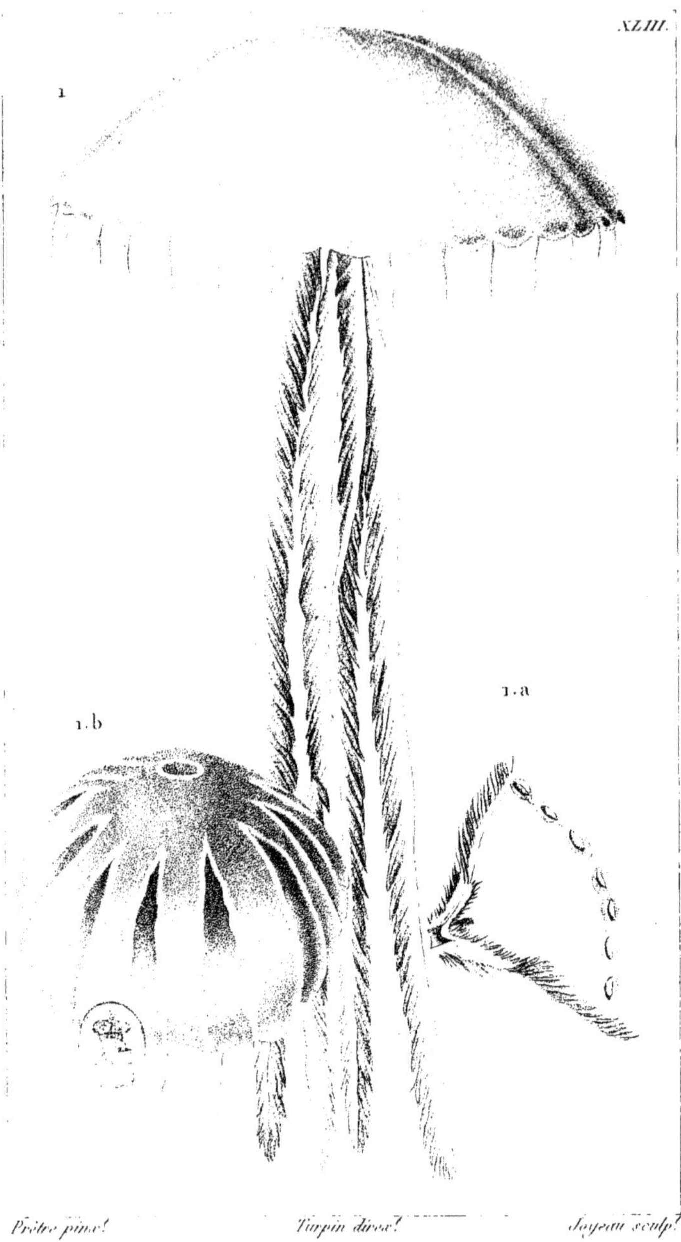

1. **CHRYSAORE** jaune, *développée.*

1.a. *Un quart de l'ombrelle, vue en dessous.*

1.b. *Ombrelle sans ses appendices.*

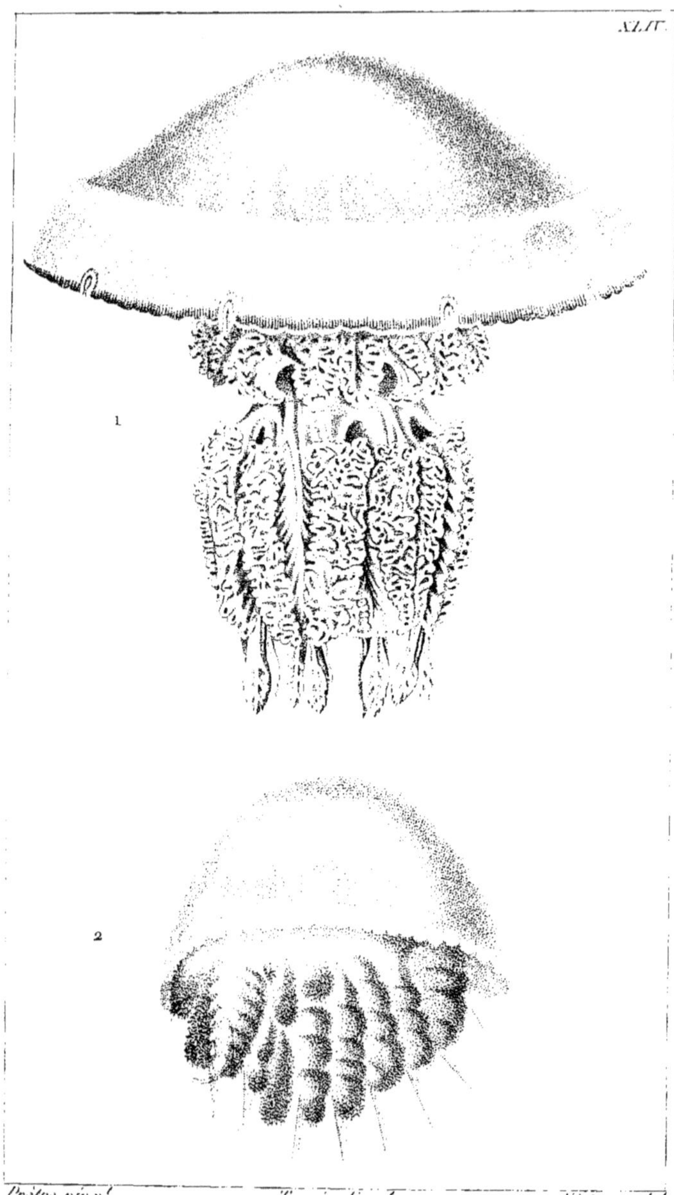

Prêtre pinx! Turpin direx! Victor sculp!

1. RHIZOSTOME de Cuvier.
2. CÉPHÉE Guérin.

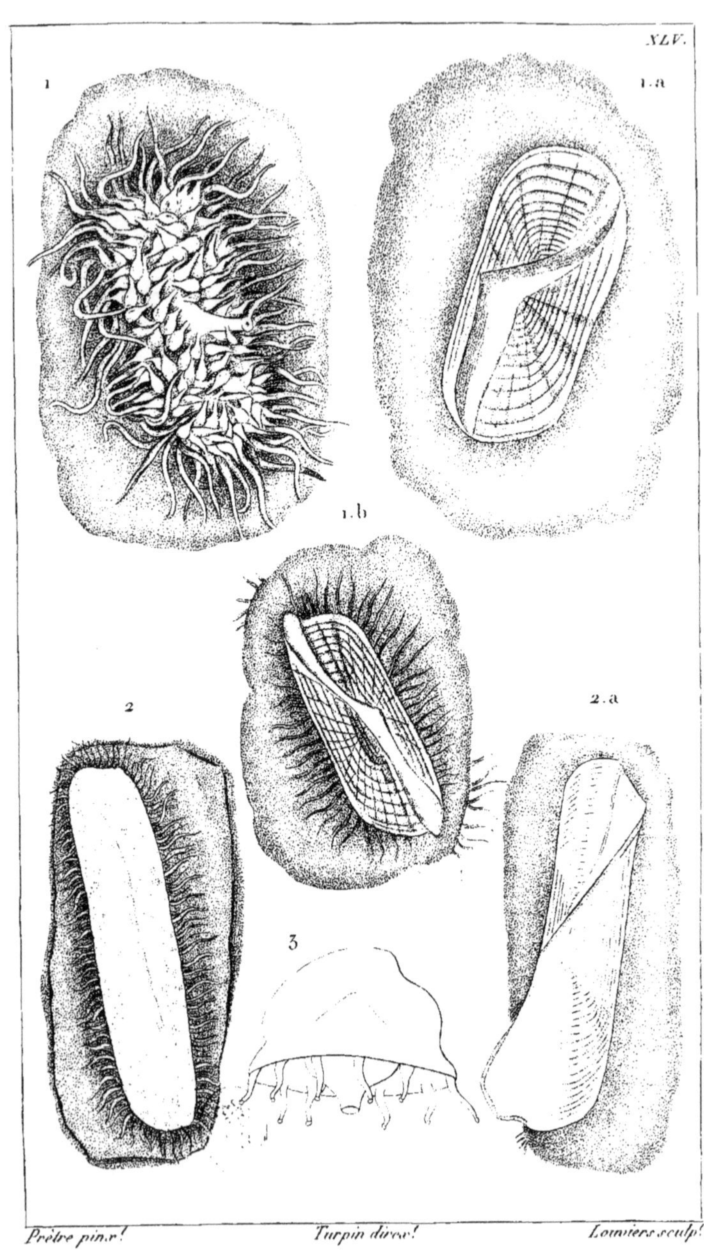

Prêtre pinx.!   Turpin direx!   Louviers sculp.!

1. 1a. VÉLELLE large. (Dextre) 1b. La même. (Sénestre)

2. 2a. VÉLELLE oblongue.

3. RATAIRE mitrée.

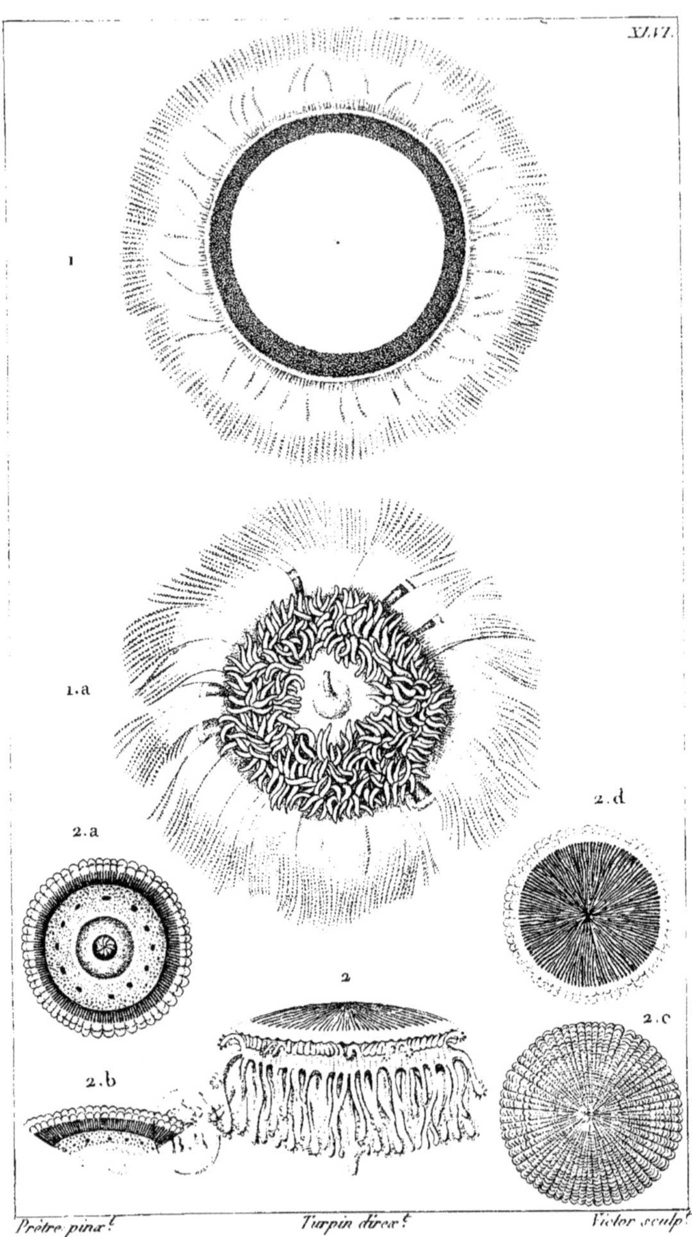

Prêtre pinx.t   Turpin direx.t   Victor sculp.t

1. PORPITE géante, *en dessus.* 1a. *La même, en dessous.*
2. P.......... glandifère, *de profil.* 2a. *La même, sans tentacules, en dessous.* 2b. *De côté.* 2c. 2d. *Son cartilage, en dessus et en dessous.*

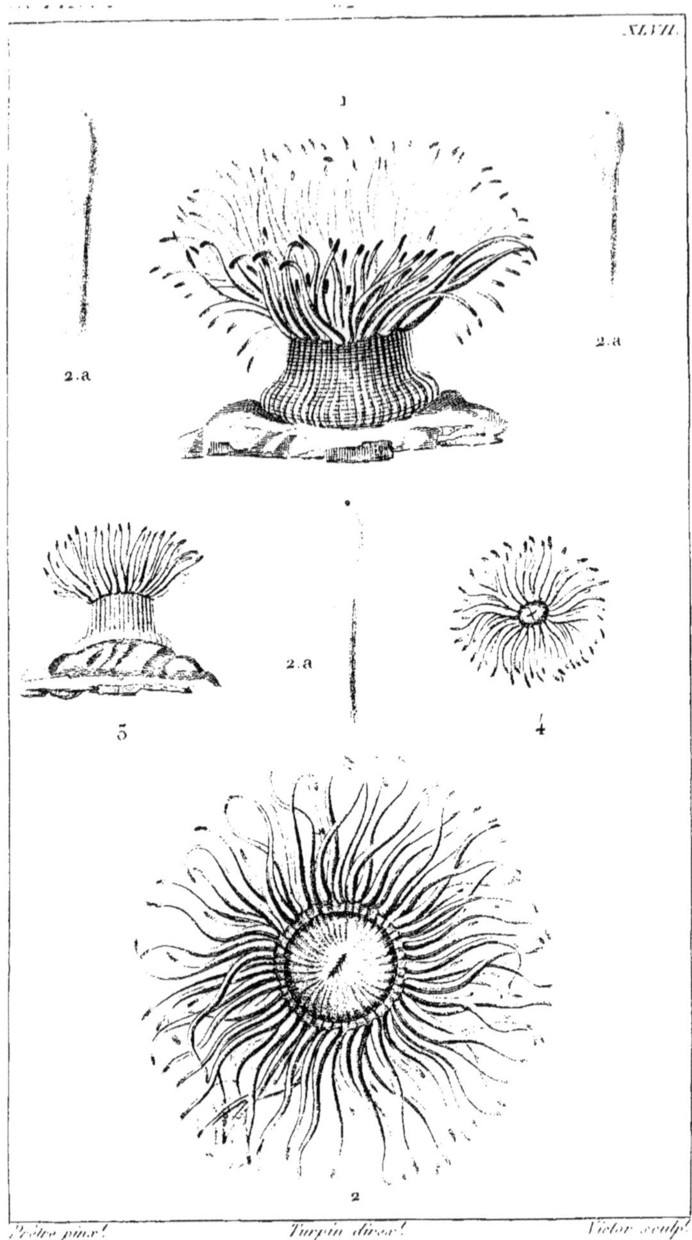

Pestre pinx!   Turpin direx!   Victor sculp!

1 et 2. ACTINIE verte, de grandeur naturelle, vue en deux sens différents. 2 a, 2 a, 2 a Portions terminales de tentacules. 3 et 4. Jeune individu vu de face et de profil.

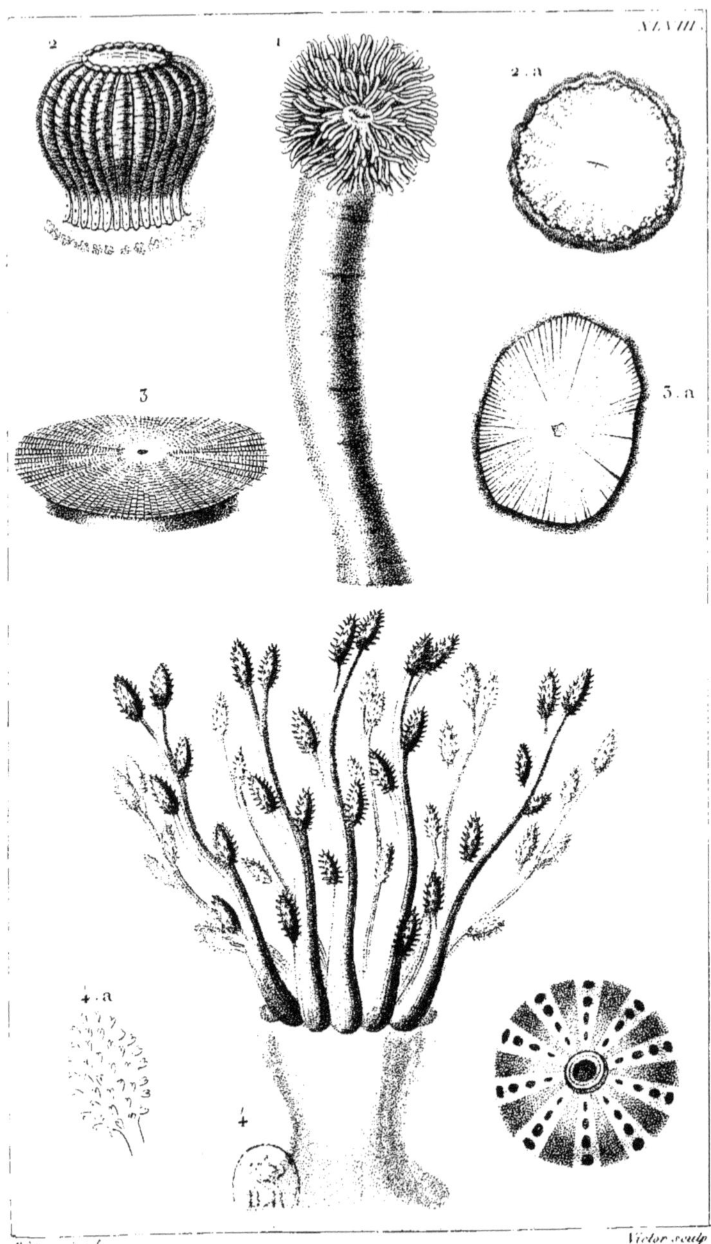

Prêtre pinx.   Victor sculp

1. MOSCHATE Rododactyle 2. ACTINECTE olivâtre *nageant.*
2.a *Id. du coté de l'ouverture* 3. DISCOSOME nummiforme 3.a. *Le*
même en dessous 4. ACTINODENDRE arborescent 4.a *Un des tentacules*

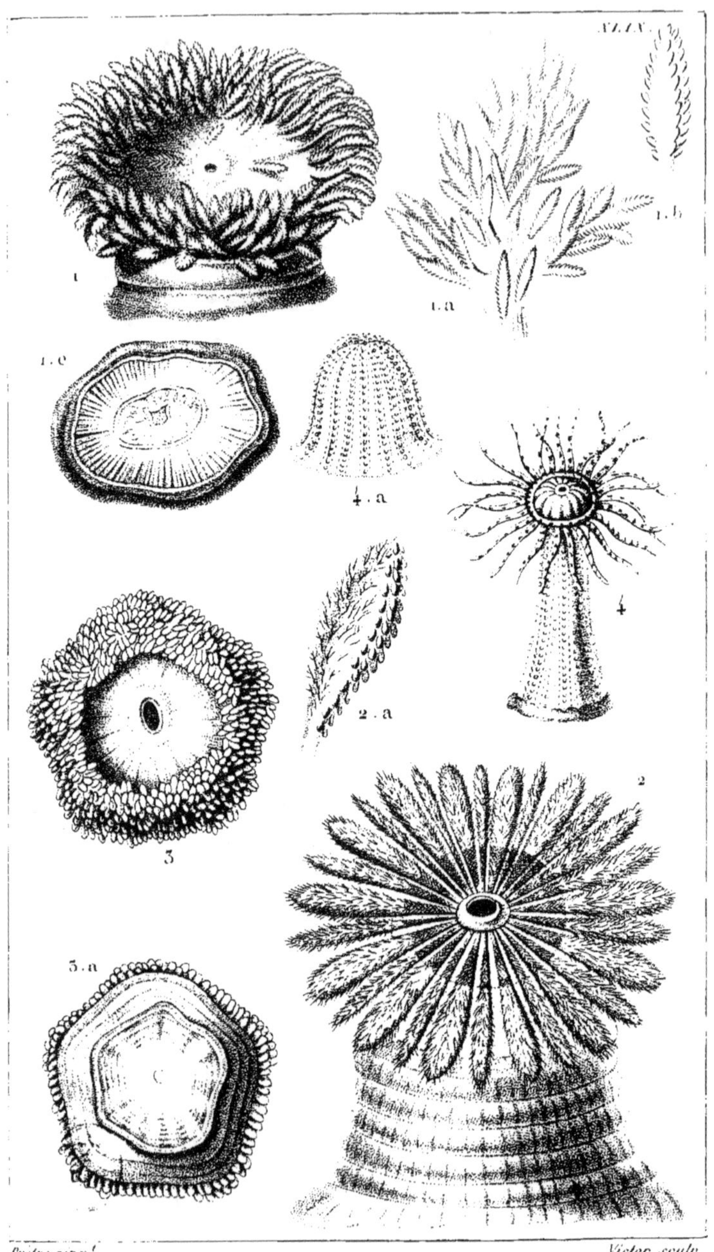

1. THASLASIANTHE Étoile. 1. a. Un tentacule. 1. b. Une de ses pinnules.
1. c. Le même en dessous. 2. ACTINÉRIE villeuse. 2. a. Un de ses tentacules.
3. ACTINOLOBE œillet. 3. a. La même en dessous. 4. ACTINOCÈRE sessile.
4. a. La même contractée.

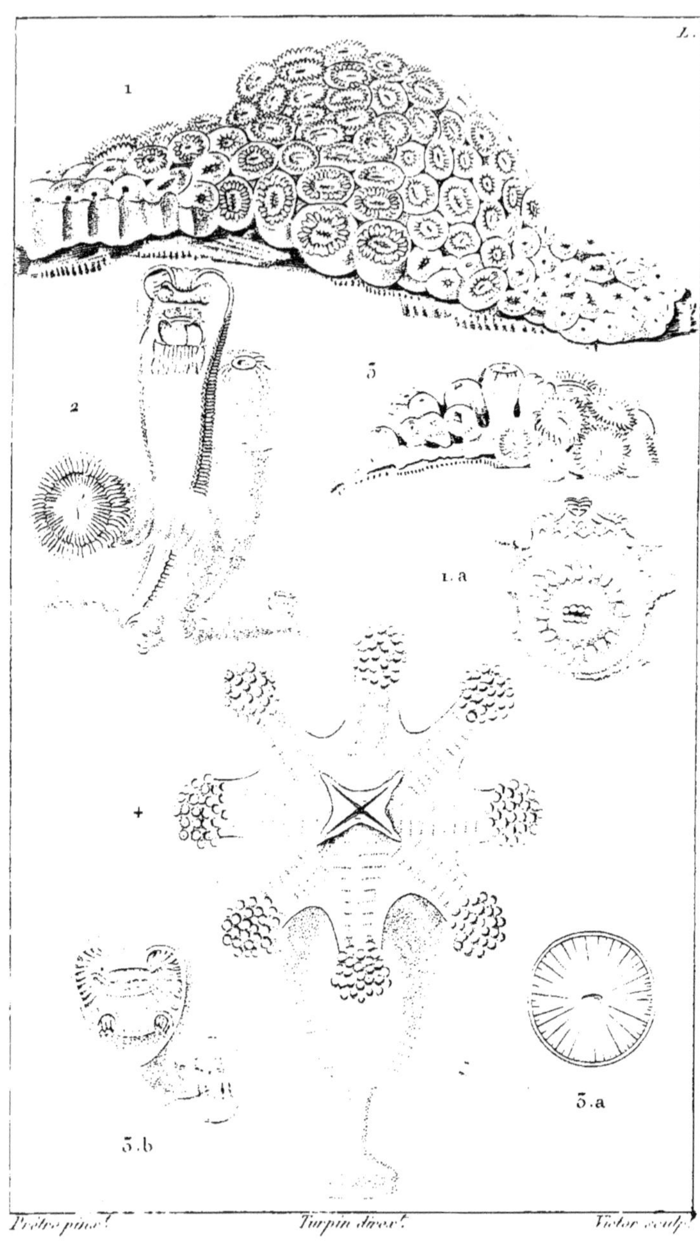

1. CORTICIFÈRE glaréole. 2. ZOANTHE de Solander.
3. MAMILLIFÈRE auriculée. 4. LUCERNAIRE auricule.

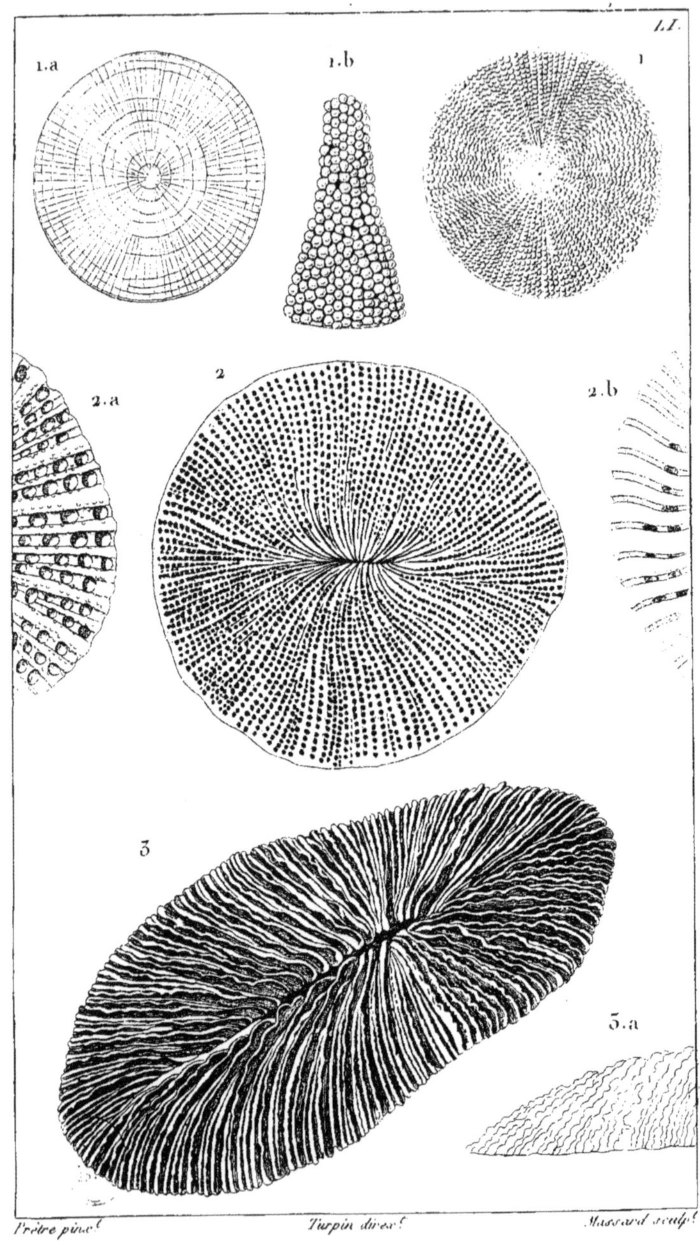

1. **CYCLOLITE** numismale. 1.a *Id. vue en dessous.* 1.b *Détails.*

2. **FONGIE** patellaire. 2.a *Portion vue en dessus.* 2.b *Id. vue en dessous.*

3. **FONGIE** limace. 3.a *Quelques lames vue de côté.*

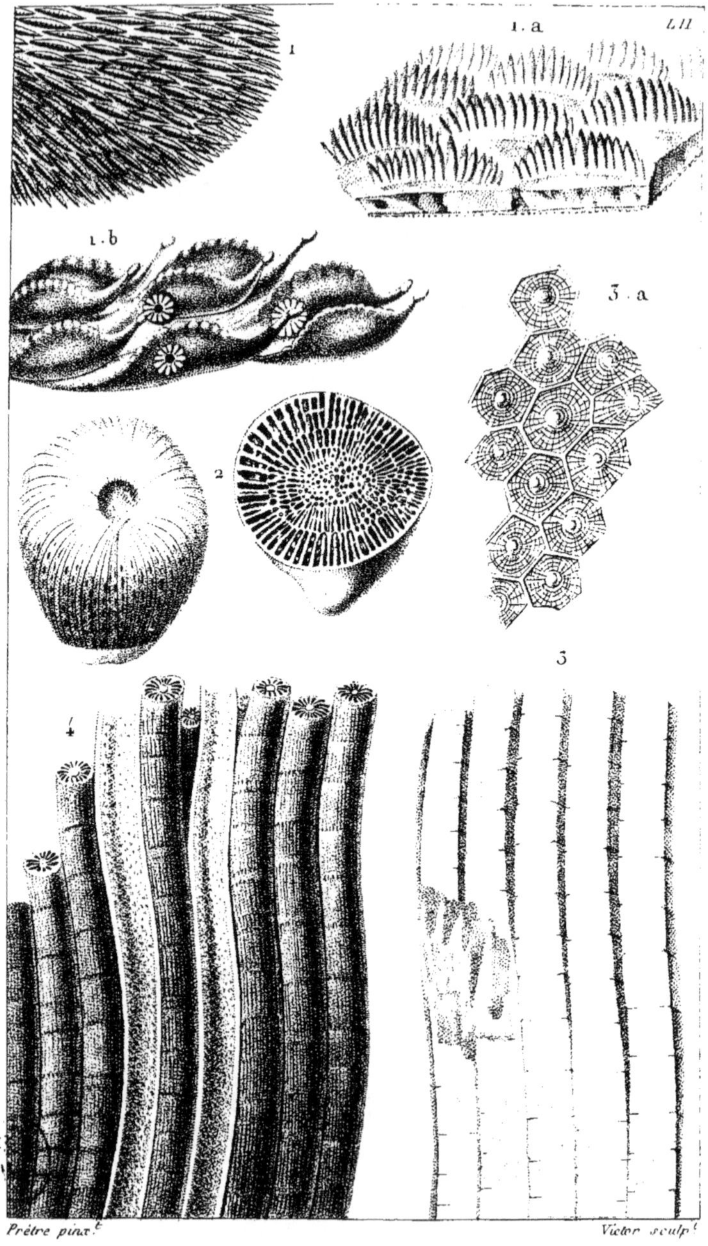

1. POLYPHYLLIE tronquée. 2. ANTHOPHYLLE tronqué.
3. COLUMNAIRE striée. 4. CALAMOPHYLLIE striée.

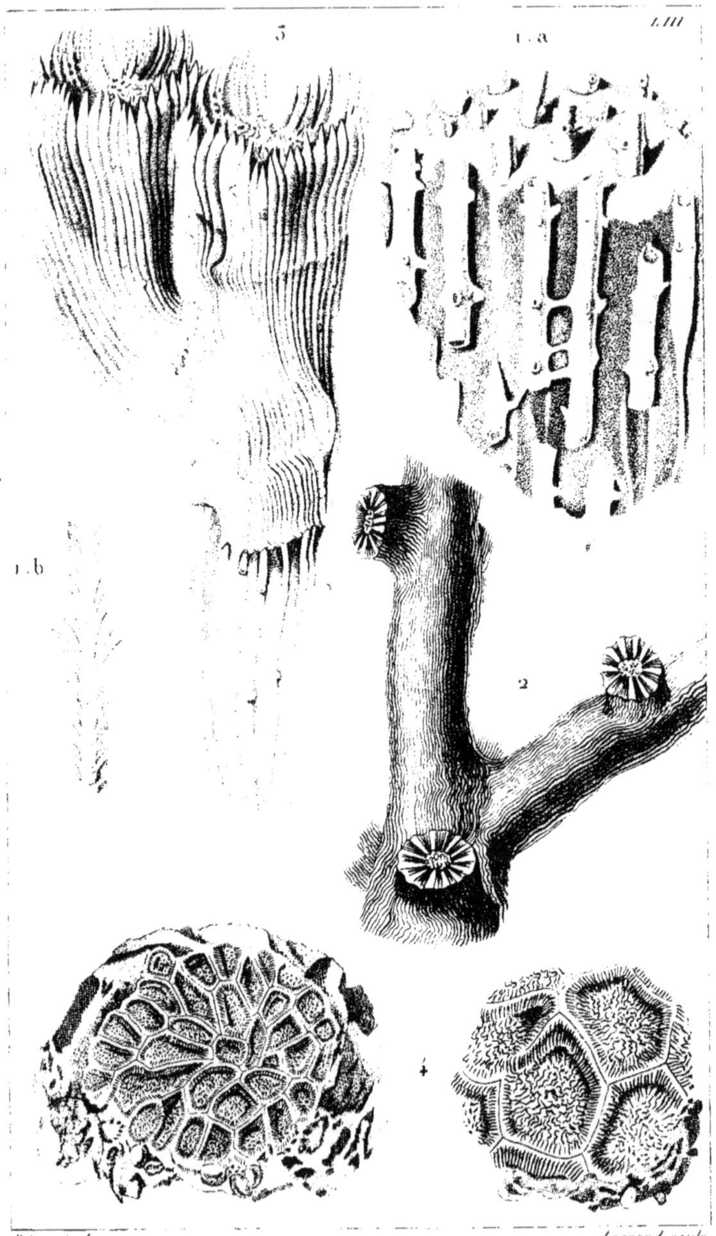

1. SYRINGOPORE verticillé. 2. DENDROPHYLLIE en arbre.
3. LOBOPHYLLIE anguleuse. 4. DICTYOPHYLLIE réticulée.

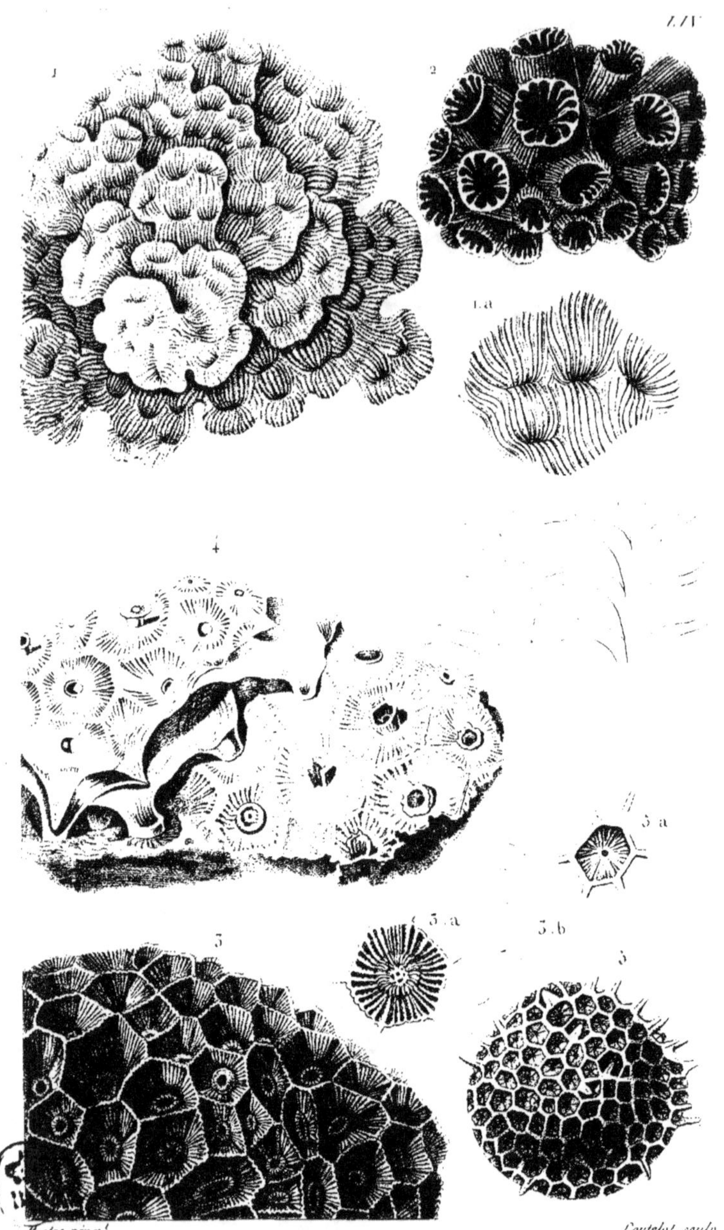

1. PAVONIE bolétiforme. 1.a.1d gross. 2. ASTRÉE calyculaire. 3. AST.
(CELLASTRÉE) magnifique. 3.a. Cellule isolée. 3.b. Une lamelle gross. 4. AST.
(STROMBASTRÉE) à cinq angles. 5. AST.(CELLASTRÉE) hérisson. 5.a. cellule.

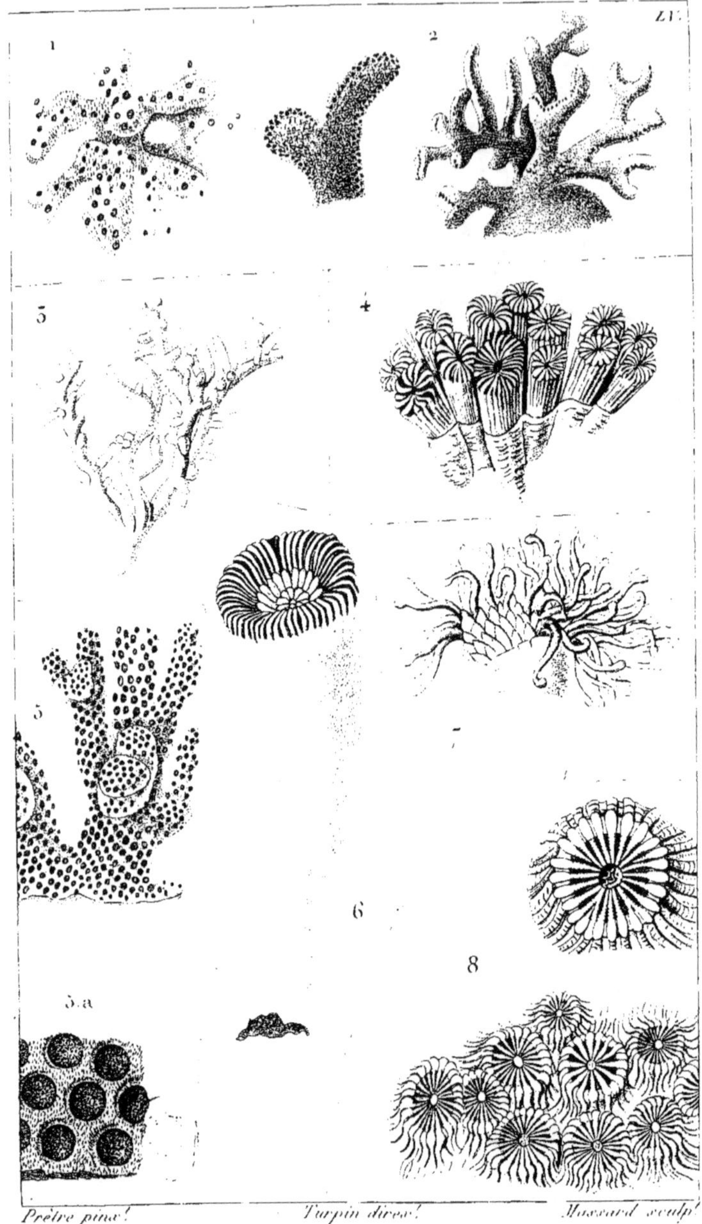

Prêtre pinx.ᵗ   Turpin direx.ᵗ   Massard sculp.ᵗ

1. CELLÉPORE oculée. 2. DISTICHOPORE violet. 3. MILLÉPORE cervicorne. 4. CARYOPHYLLIE en gerbe. 5. PORITE multicaule. 5.a. *Id. portion grossie.* 6. CARYOPHYLLIE gobelet. 7. C. glabrescente *avec l'animal.* 8. ASTRÉE rayonnante.

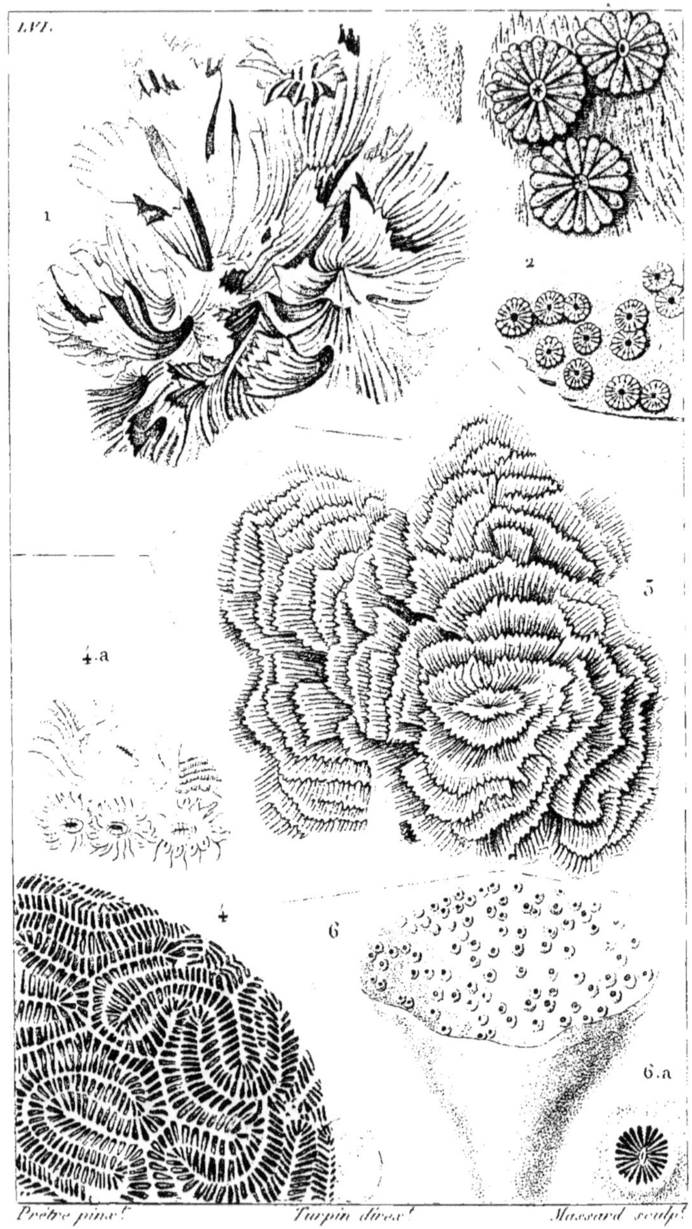

Prêtre pinx.t   Turpin direx.t   Massard sculp.t

1. PAVONIE laitue. 2. ECHINOPORE rosette. 3. AGARICE contournée. 4. MÉANDRINE labyrinthiforme. 4.a Fragment de la même avec les animaux. 6. GEMMIPORE entonnoir. 6.a Cellule grossie.

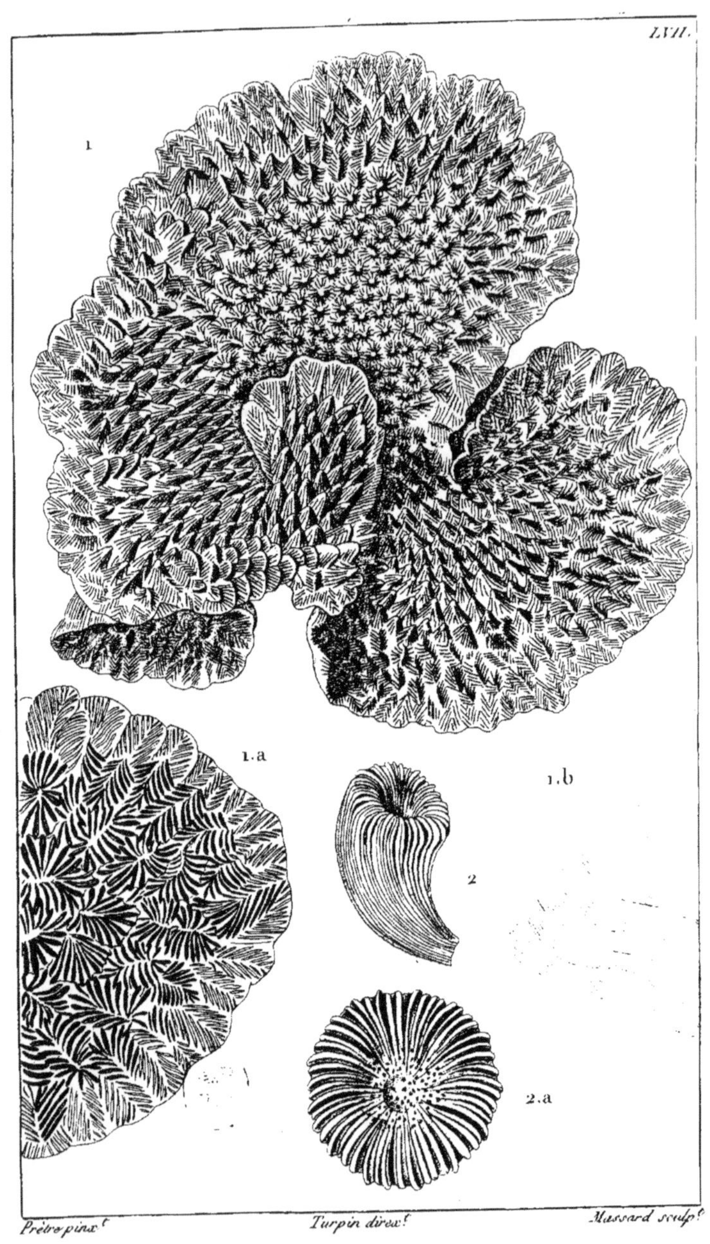

1.MONTICULAIRE feuille.1.a.*Portion grossie.*1.b.*Id. vue en dessous.*

2.TURBINOLIE sillonnée.2.a.*Id. vue en dessus.*

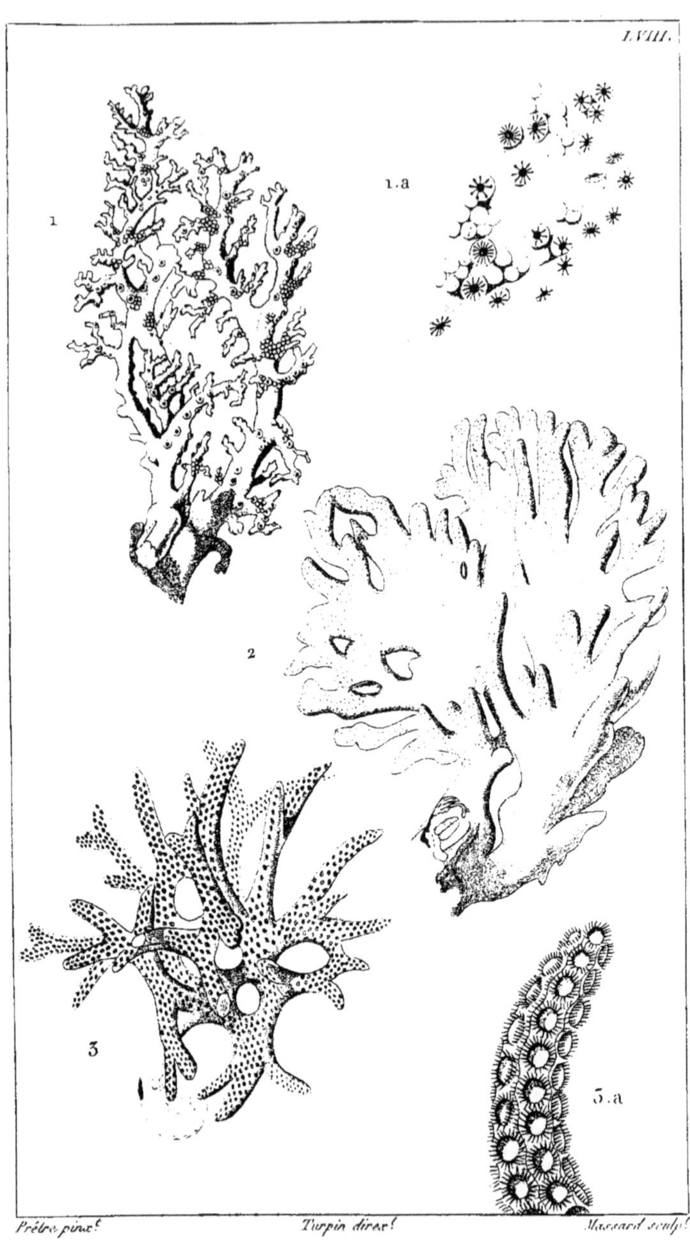

1. OCULINE rose. 1.a *Portion grossie.*

2. PALMIPORE corne d'Elan.

3. SÉRIATOPORE piquant. 3.a *Portion grossie.*

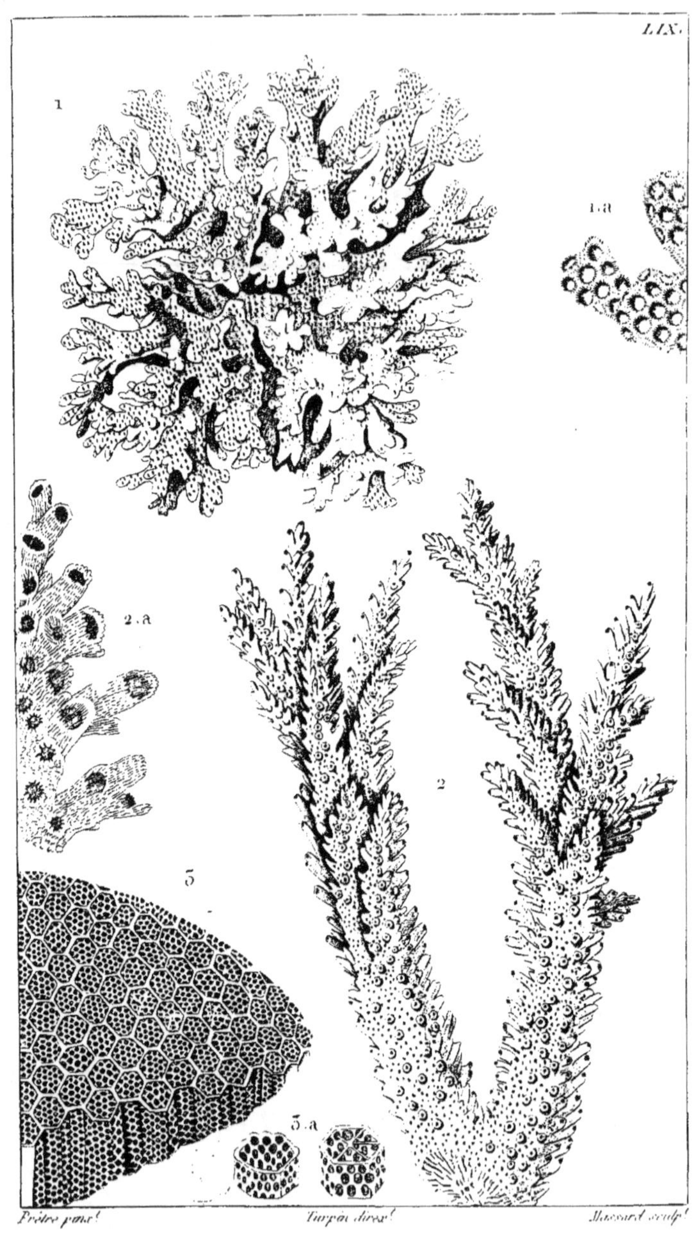

1. POCILLOPORE corne de Daim. 1.a Portion grossie.
2. MADRÉPORE abrotanoïde. 2.a Portion grossie.
3. MILÉPORE Rétépore. 3.a Détails du même.

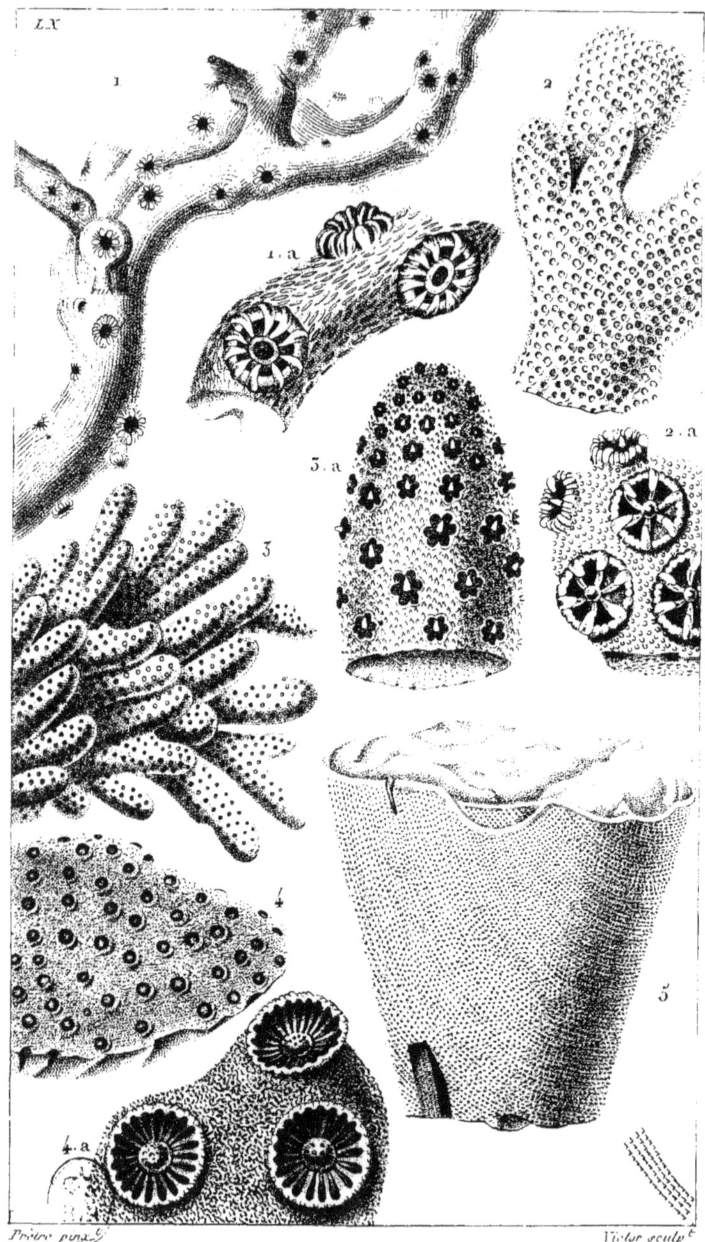

1. 1.a. DENTIPORE Vierge. 2. SIDÉROPORE scabre. 3. S. pistil=
laire 4. ASTRÉOPORE vermoulue. 5. COSCINOPORE infundi=
buliforme

L. VI

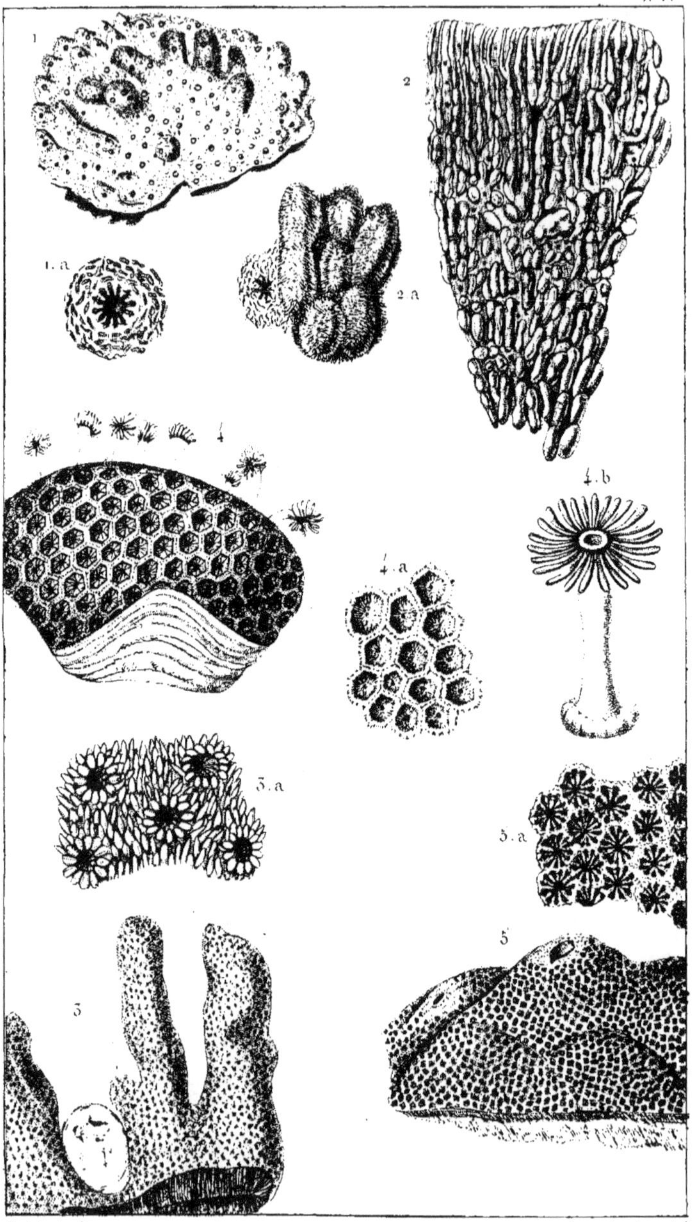

Prêtre pinx. *Legenisel sculp.*

1. **MONTIPORE** verruqueux. 1. a. *Loge grossie*. 2. **MONT.** papilleux. 2. a. *Log. gross.* 3. **HÉLIOPORE** bleu. 3. a. *Log. gros.* 4. **GONIOPORE** pédonculé. 4. a *Log. gross.* 4. b. *polype isolé et gross.* 5. **PORITE** astréoide. 5. a. *Log. gross*

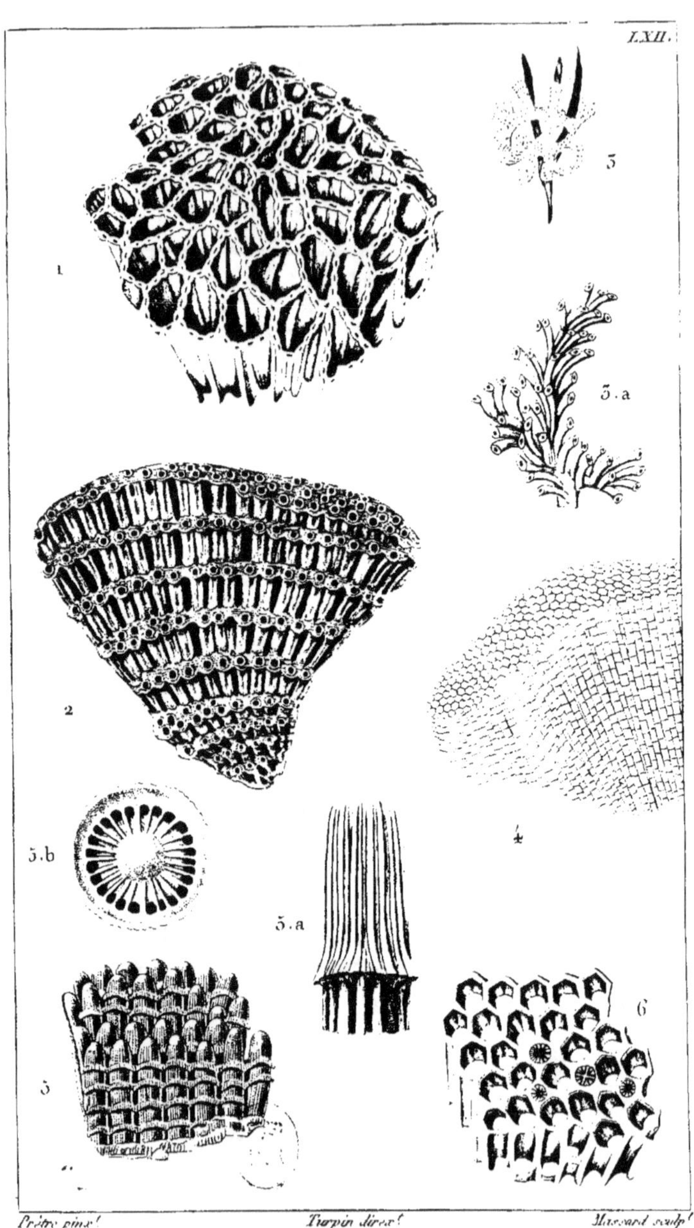

Prêtre pinx.   Turpin direx.   Massard sculp.

1. CATÉNIPORE escharoïde. *(Fossile.)*
2. TUBIPORE pourpre.
3. TUBULIPORE foraminulé. 3.a *Id. grossi.*
4. FAVOSITE de Gothland. *(Fossile.)*
5. STYLINE échinulée. 5.a *Un tube grossi.* 5.b *Id. vu en dessous.*
6. SARCINULE perforée.

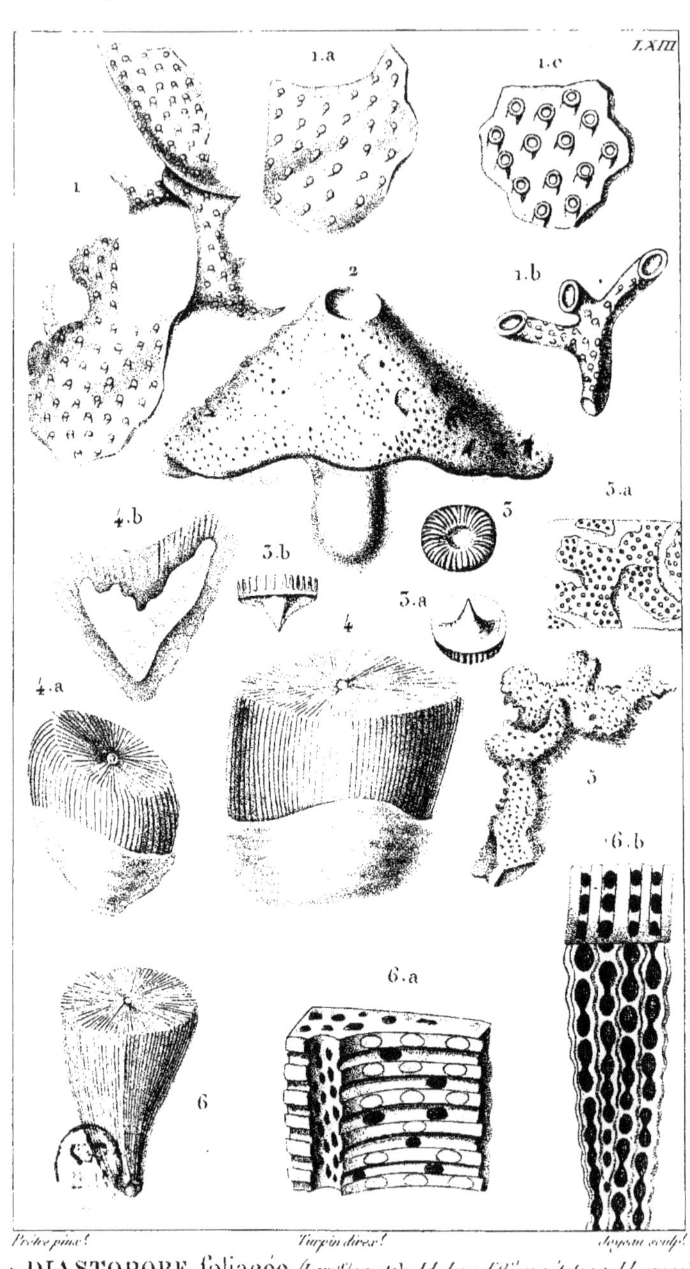

1. DIASTOPORE foliacée. (Lam.t) 1 a et 1 b. Id. dans différens états. 1 c. Id. grossie.
2. HIPPALIME fongoïde. (Lam.t)
3. PÉLAGIE bouclier. (Lam.t) 3 a. Id. vue en dessous. 3 b. Id. vue de côté.
4. MONTLIVALTIE caryophyllie. (Lam.t) 4 a. Id. vu isolé. 4 b. Id. coupé longitudin.t
5. TILÉSIE tortueuse. (Lam.t) 5 a. Id. fragment grossi.
6. TURBINOLOPSE ochracé. (Lam.t) 6 a et 6 b. Id. fragmens grossis.

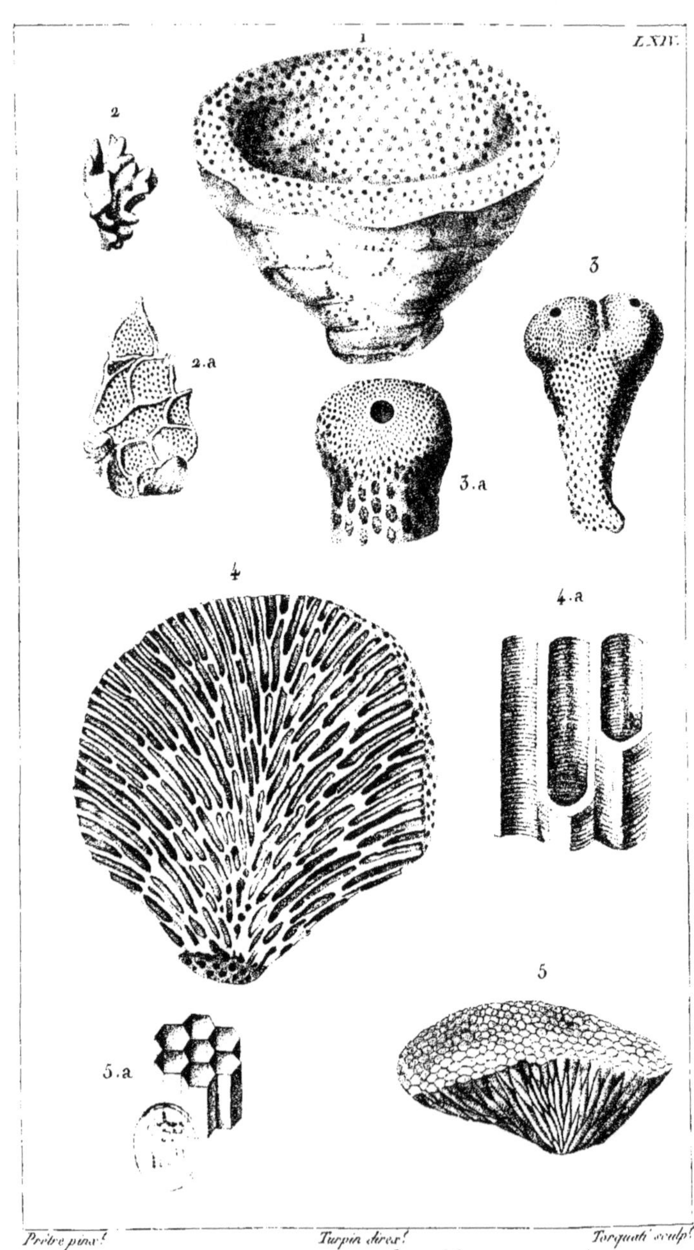

1. CHENENDOPORE fongiforme. *(Lam.t)*
2. CHRYSAORE corne de Daim. *(Lam.t)* 2.a Id. grossie.
3. EUDÉE en massue. *(Lam.t)* 3.a Id. grossie.
4. EUNOMIE rayonnante. *(Lam.t)* 4.a Id. portion grossie.
5. FAVOSITE Alcyon. *(Def.)* 5.a Id. portion grossie.

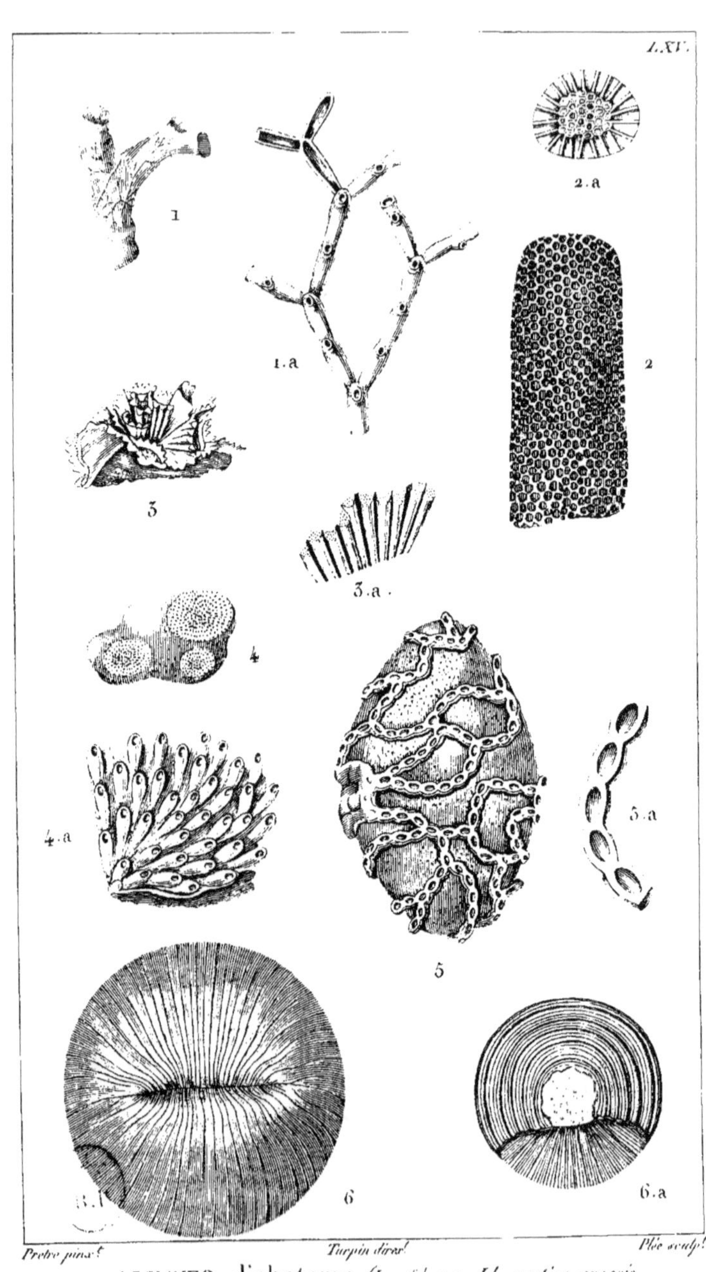

1. ALECTO dichotome. *(Lam.)* 1.a *Id. portion grossie.*
2. ALVÉOLITE madréporacée. *(Lam.)* 2.a *Id. vue en dedans.*
3. APSENDESIE crêtée *(Lam.)* 3.a *Id. portion grossie.*
4. BÉRÉNICE du déluge. *(Lam.)* 4.a *Id. grossie.*
5. CATÉNIPORE escharoïde. *(Lam.)* 5.a *Id. portion grossie.*
6. CYCLOLITE hémisphérique. *(Lam.)* 6.a *Id. vue en dessous.*

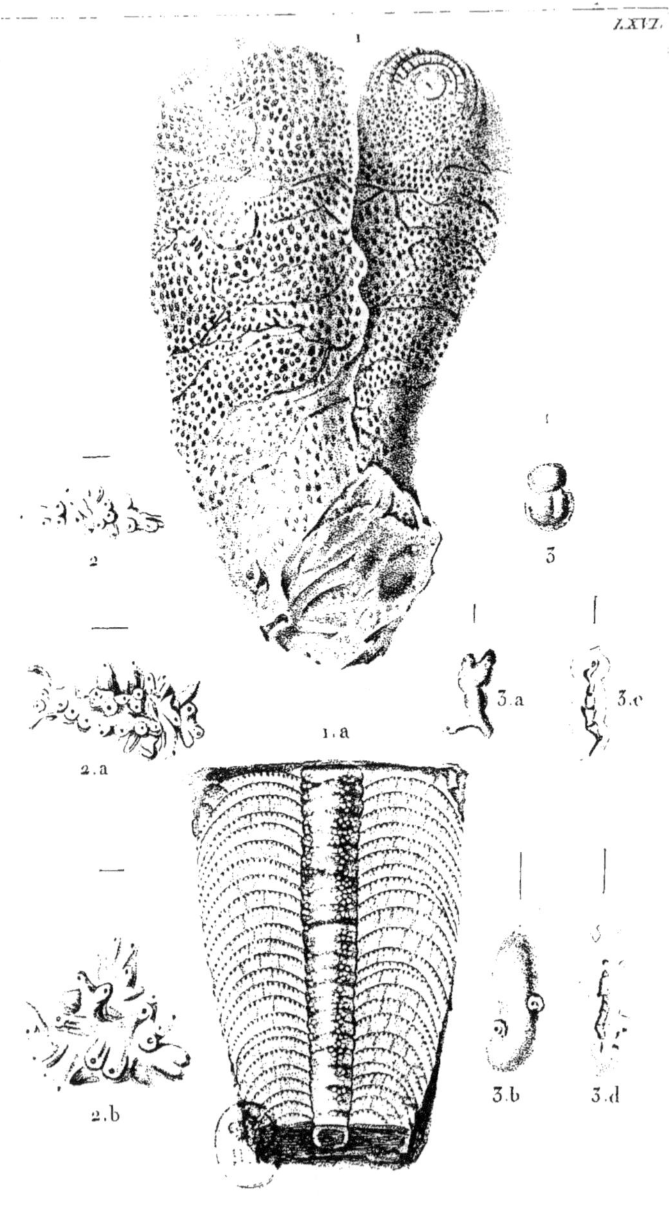

Prêtre pinx.   Turpin direx.   M.e Joyeau sculp.

1. VERTICILLITE d'Ellis. (Def.) 1a. Id. vue intérieurement.
2. 2a. 2b. RUBULE de Soldani. (Def.)
3. 3a. 3b. NUBÉCULAIRE lucifuge. (Def.) 3c. 3d. Id. vue en dessous.

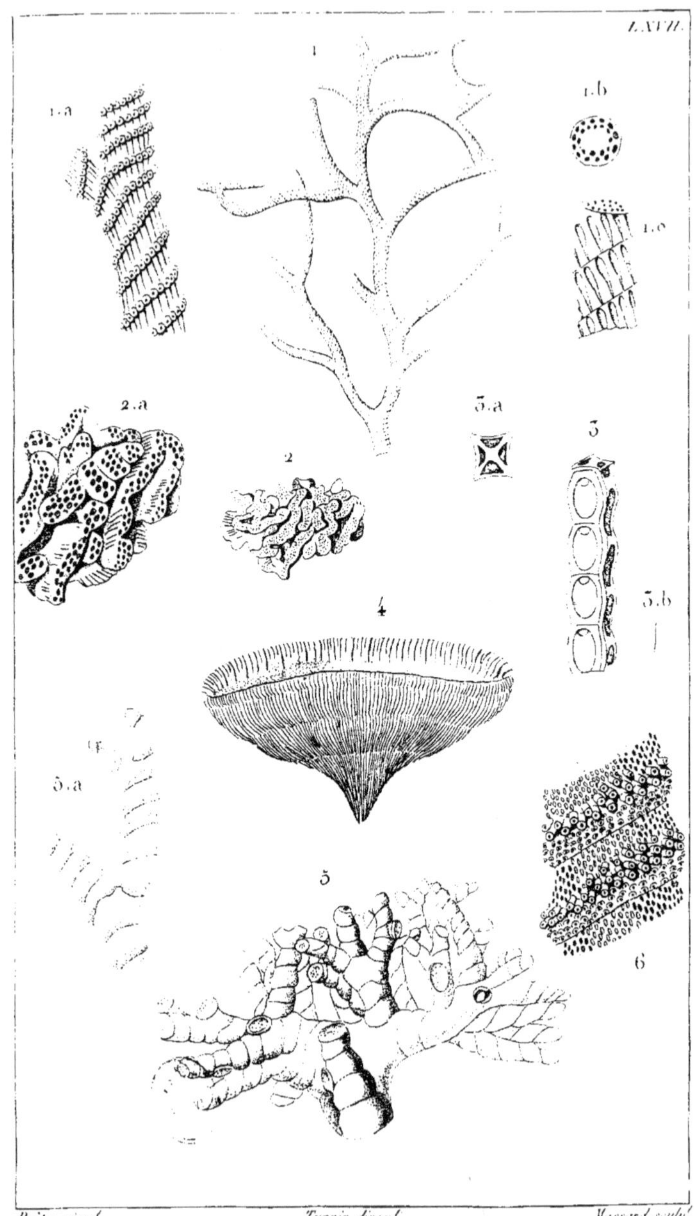

1. CRICOPORE élégant (Lamx.) 1.a. Id. grossi. 1.b. Id. coupe transversale.
1.c. Id. dépouillé de sa peau et grossi. 2. THÉONÉE chlatrée (Lamx.) 2.a. Id. gros.
3. VINCULAIRE fragile (Def.) grossie. 3.a. Id. coupe transv.le gr.te 3.b. Id. gr.d nat.
4. TURBINOLIE déprimée (De Basa.) Mss. Grand. nat.
5. TÉRÉBELLAIRE très-rameuse (Lamx.) 5.a. Id. rameau grossi.
6. TÉRÉBELLAIRE antilope (Lamx.) fragment très grossi.

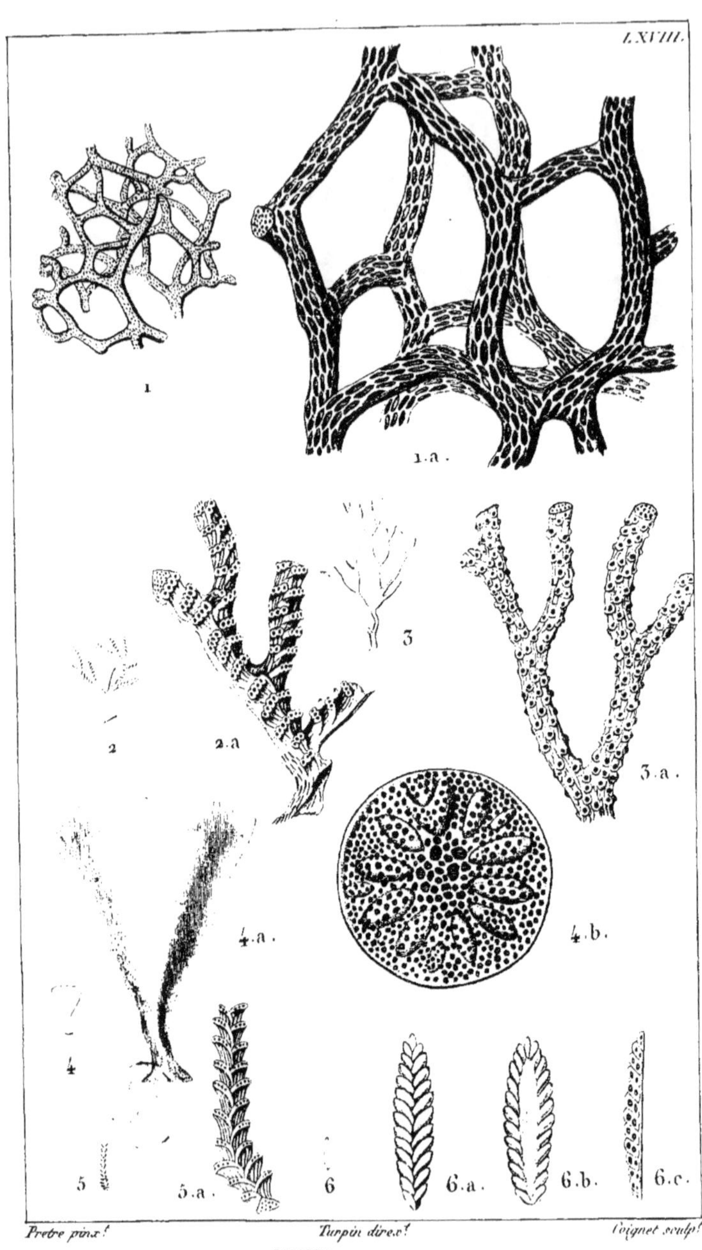

1. INTRICAIRE d'Ellis. *(Def.)* 1.a *Id. portion grossie.*

2. IDMONÉE triquètre. *(Lam.t)* 2.a *Id. portion grossie.*

3. HORNÈRE hyppolite. *(Def.)* 3.a *Id. portion grossie.*

4. LICHENOPORE turbinée. *(Def.)* 4.a *Id. grossie.* 4.b *Id. vue en dessus.*

5. IDMONÉE échelonée. 5.a *Id. portion grossie.*

6. PALMULAIRE de Soldani. *(Def.)* 6.a, 6.b et 6.c *Id. grossi et vu sous différentes faces.*

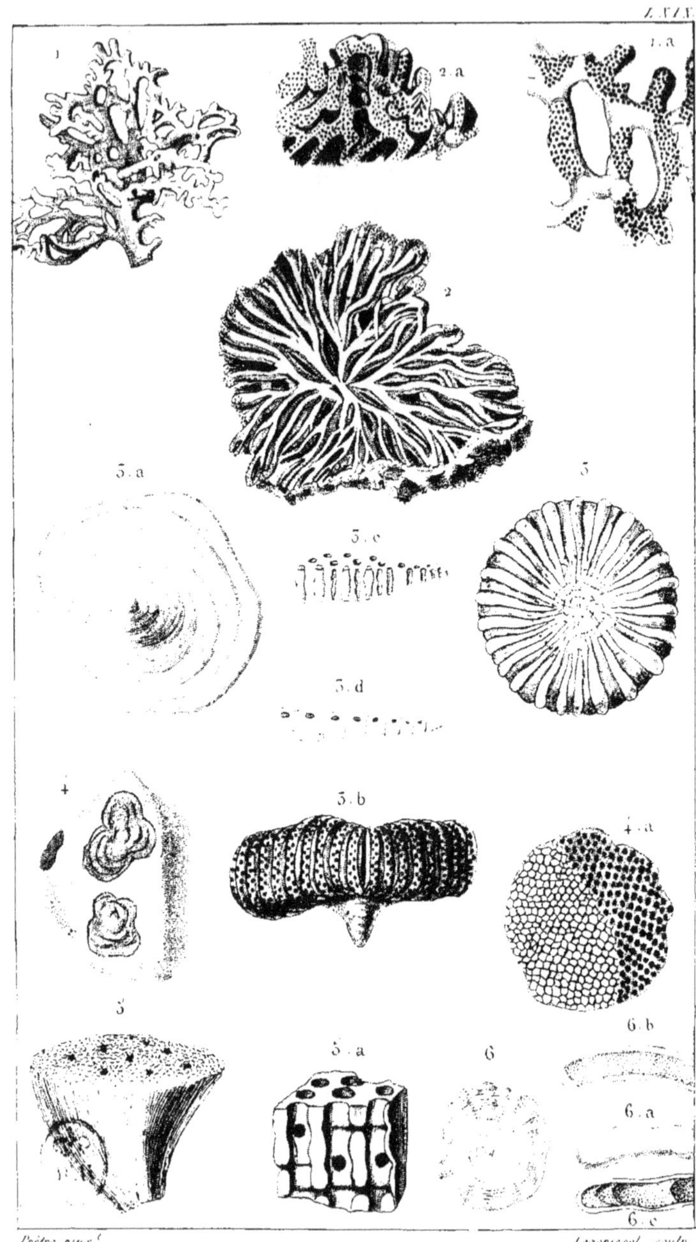

1. FRONDIPORE réticulé. 1.a. Le même intérieurement. 2. APSENDÉSIE œillet.
3. PÉLAGIE bouclier, vue en dessus. 3.a. La même vue en dessous. 3.b. Id. de
profil. 3.c. 3.d. Portions grossies. 4. POLYTRÈME rouge. 5. MICROSOLÈNE
poreux. 6. MARGINOPORE vertébral. 6.a. Vu de profil. 6.b. 6.c. Ses détails.

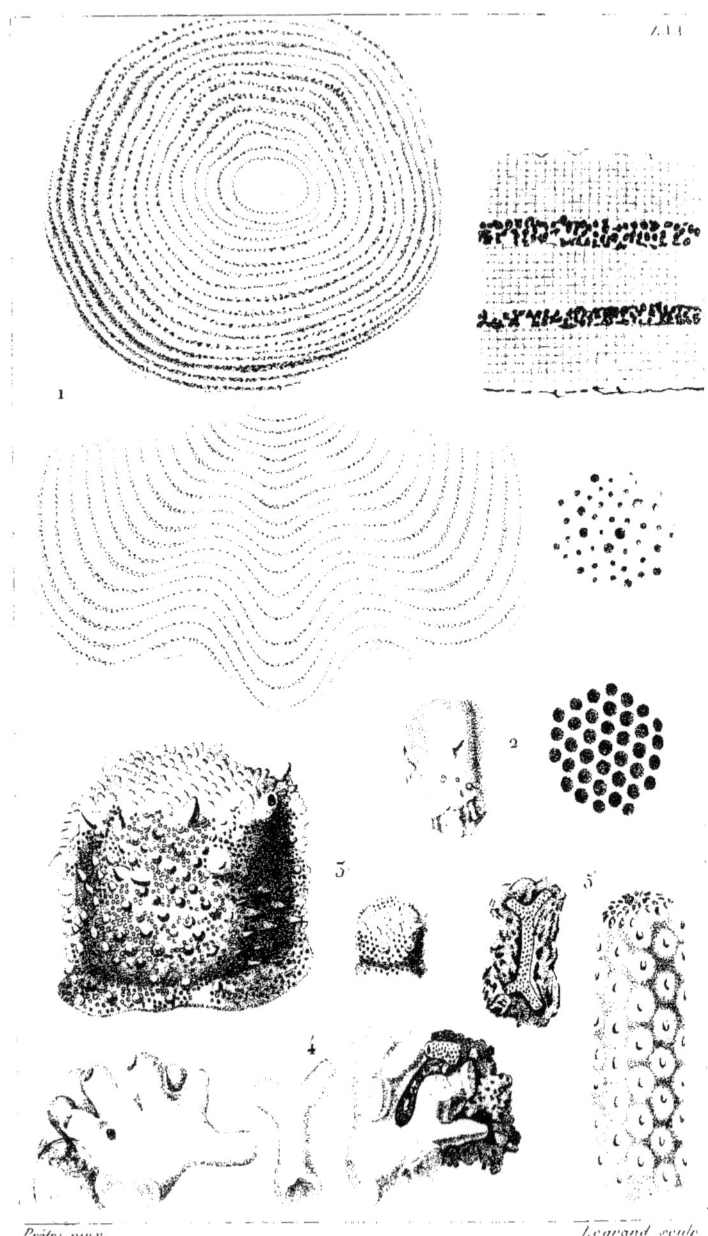

1. STROMATOPORE concentrique. 2. CÉRIOPORE micropore
3. SPINOPORE mitre. 4. HÉTÉROPORE cryptopore. 5. PUSTU=
LIPORE madréporacé.

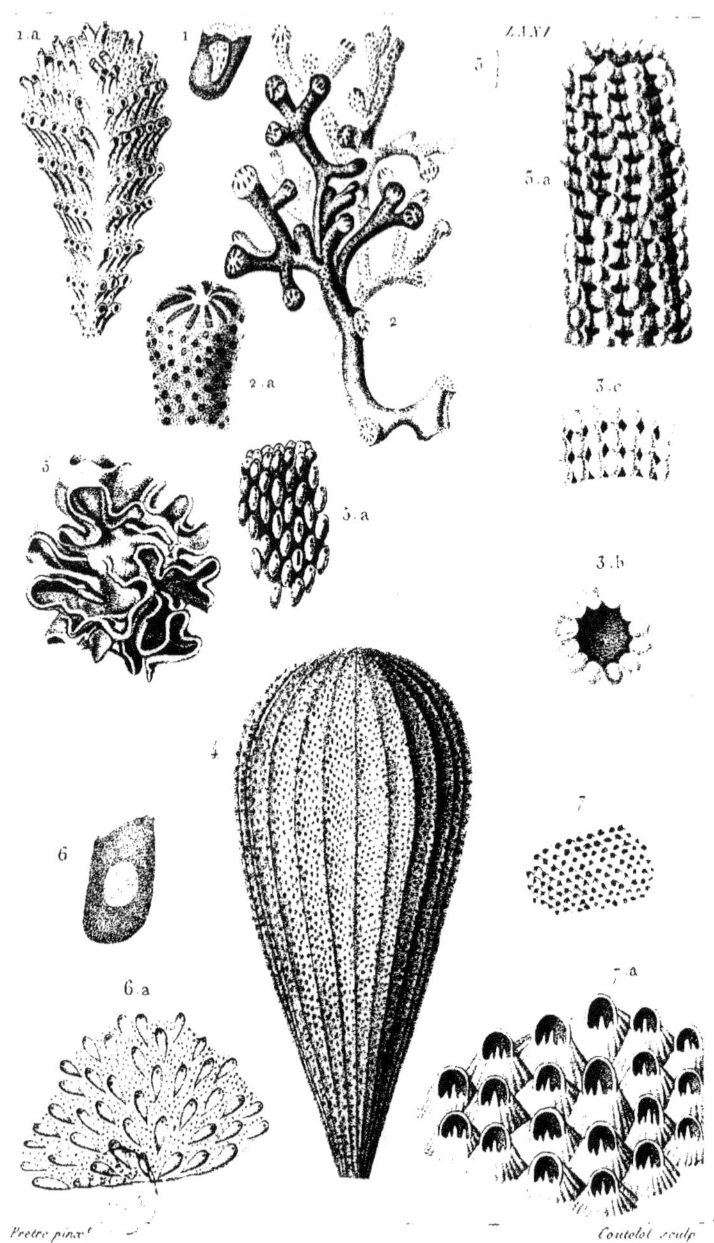

1. OBÉLIE tubulifère. 1. a. Id. gross. 2. MYRIAPORE tronqué. 2. a. Son extrémité gross. 3. LARVAIRE réticulée. 3. a. Id. gross. 3. b. Sa partie supér. 3. c. Intérieur gross. 4. CONIPORE strié. 5. MÉSENTÉRIPORE de Michelin 5. a. Cellule gross. 6. BÉRÉNICE saillante 6. a. Id. gross. 7. DISCOPORE verruqueux 7. a. Id. gross.

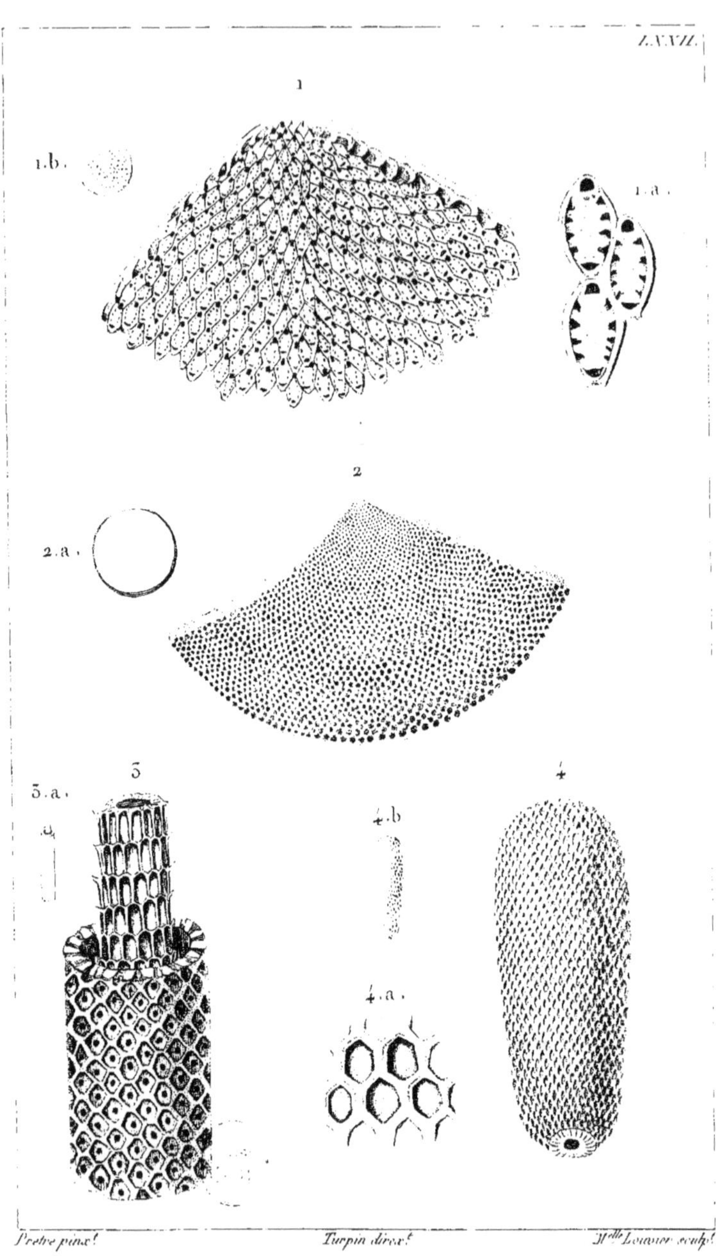

Prêtre pinx. Turpin direx. Melle Louvier sculp.

1. LUNULITE en-parasol. (Deg.) 1.a. Id. cellules grossies. 1.b. Id. grand. nat.
2. ORBULITE plane. (Lam.) portion grossie. 2.a. Id. grand. nat.
3. VAGINOPORE fragile. (Def.) 3.a. Id. grand. nat.
4. DACTYLOPORE cylindracé. (Lam.) 4.a. Id. cellules grossies. 4.b. Id. grand. nat.

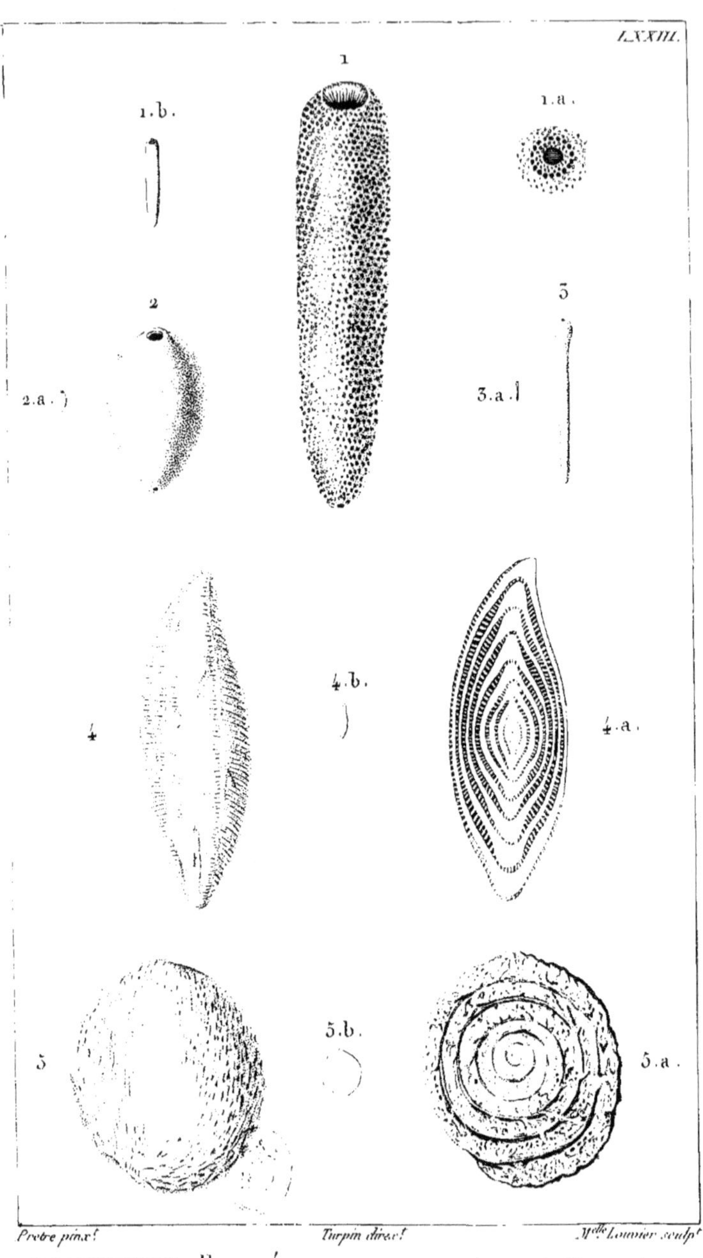

1.POLYTRYPE allongé. *(Def.)* 1.a. Id. partie inférieure. 1.b. Id. grand. nat.

2.OVULITE perle. *(Lam.)* 2.a. Id. grand. nat.

3.OVULITE allongée. *(Lam.)* 3.a. Id. grand. nat.

4.ORYZAIRE Bosc. *(Def.)* 4.a. Id. coupée transv.ent 4.b. Id. grand. nat.

5.FABULAIRE discolithe. *(Def.)* 5.a. Id. coupée transv.t 5.b. Id. grand. nat.

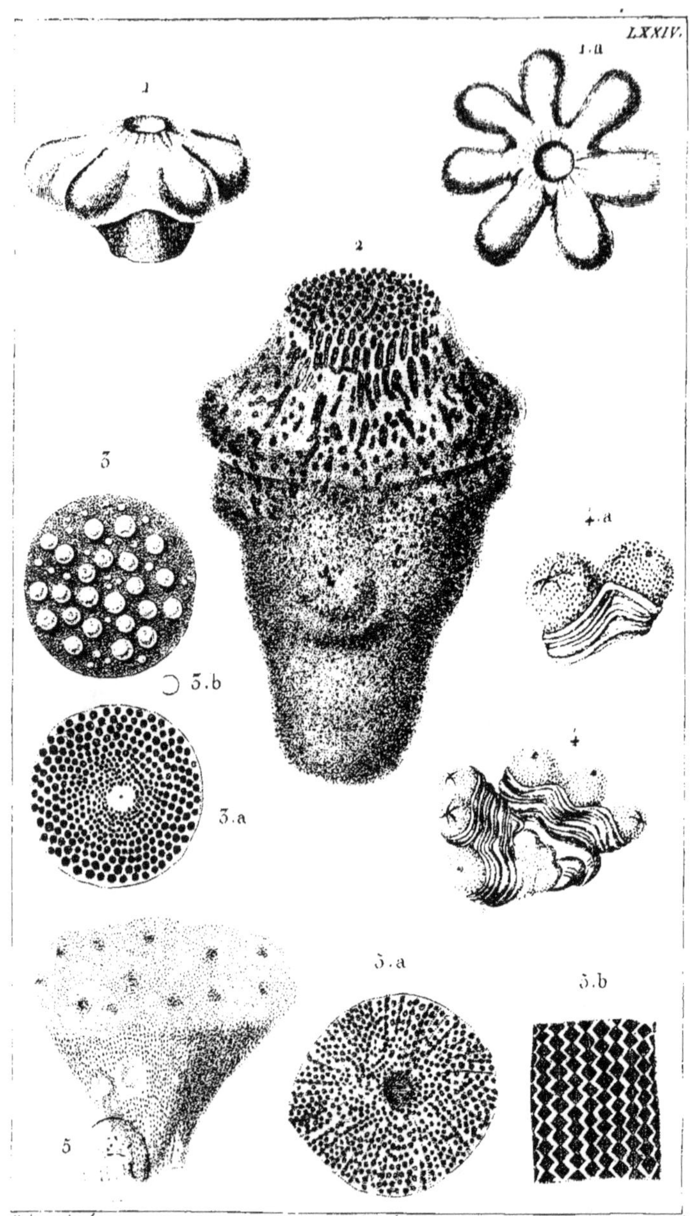

1. HALLIRHOÉ à côtes. (Lam.e) 1.a Id. vu de face.
2. IÉRÉE pyriforme. (Lam.e)
3. LICOPHRE lentille. (Monlf?) en dessus grossi. 3.a Id. vu en dedans. 3.b Gr. nat.
4. LYMNORÉE mamelonnée. (Lam.e) 4.a Id. grossie.
5. MICROSOLÈNE poreuse. (Lam.e) 5.a Une des étoiles grossie. 5.b Surface latérale gr.

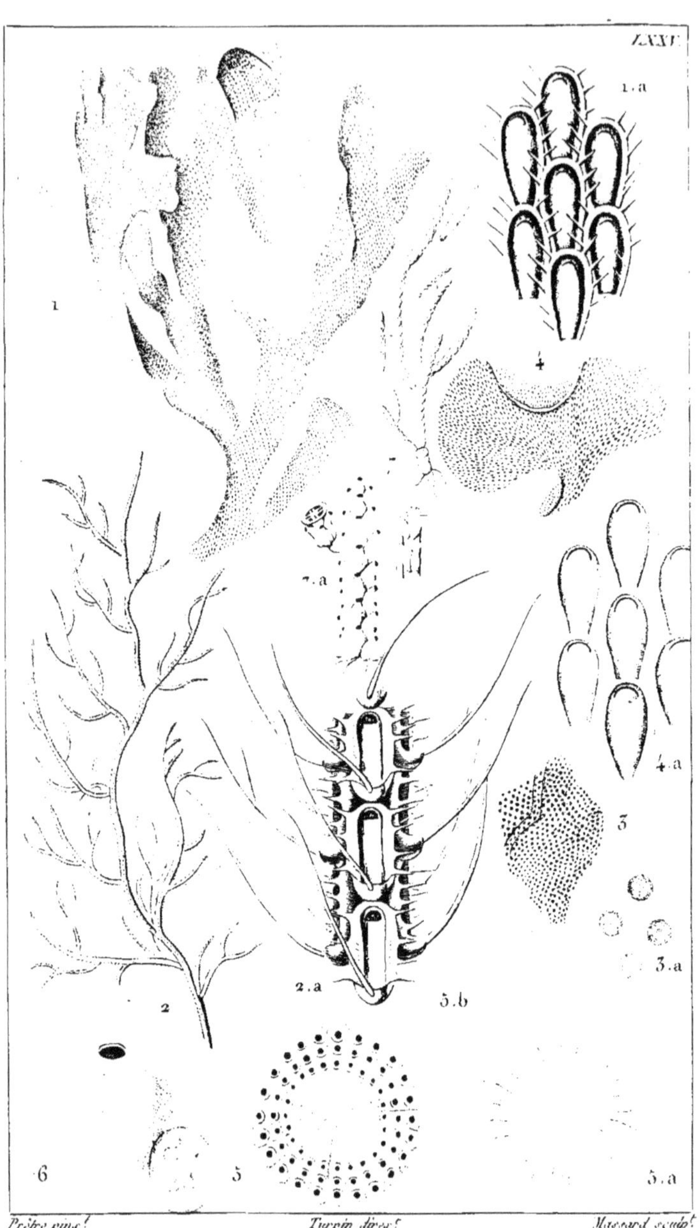

1. FLUSTRE foliacée. 1.a. Quelques cellules grossies.
2. FLUSTRE pileuse. 2.a. Quelques cellules grossies.
3. ESCHARE bouffant. (pet. part.) 3.a. Quelques pores grossis.
4. MEMBRANIPORE réticulaire. 4.a. Quelques cellules grossies.
5. LUNULITE radiée. (Fossile.) vue en dessus et grossie. 5.a. Id. vue en dessous.
5.b. Id. grand. nat. 6. OVULITE perle. (Fossile.) très grossie.
7. CELLAIRE céréoïde. (Lam.) 7.a. Portion inférieure, grossie.

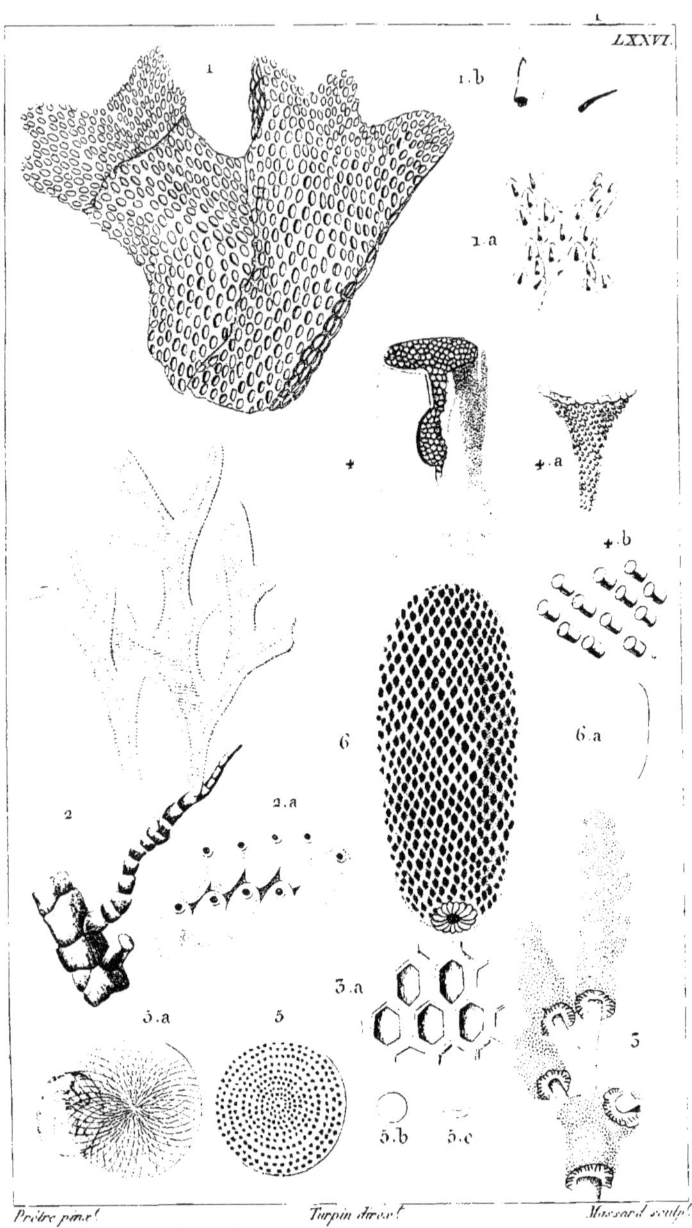

Prêtre pinx.t   Turpin direx.t   Massard sculp.t

1. RÉTÉPORE dentelle. (partie) 1.a. Cellules grossies. 1.b. Id. encore plus.
2. ADÉONE foliifère 2.a. Quelques cellules grossies.
3. ALVÉOLITE encroûtante. 3.a. Id. quelques cellules grossies.
4. OCELLAIRE nue (Face) 4.a. Oc. enveloppée. 4.b. Axe des cellules.
5. ORBICULITE lenticulée. Fossile (en dessus) 5.a. Id. en dessous 5.b. gr. nat. 5.c. Id. de profil.
6. DACTYLOPORE cylindracé grossi. (Fossile) 6.a. Id. de grand. nat.

1. CELLAIRE salicor. 1.a. 1.b. *Part. grossies*. 2. EUCRATÉE Cornet.
2.a. *Part. grossie*. 3. ACHAMARCHIS néritine. 3.a. *Part. grossie*.
4. CABÉRÉE dichotome. 4.a. *Deux cellules grossies*.

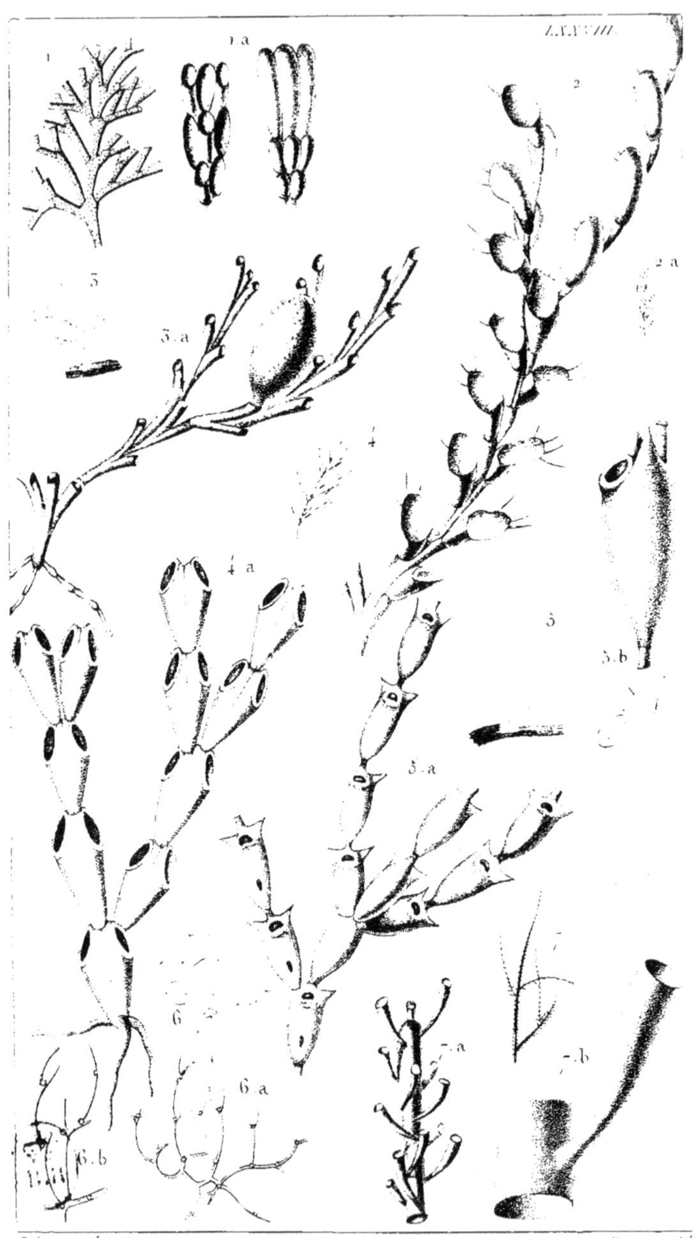

1.TRICELLAIRE à trois cellules.1.a. *Cellules grossies.* 2.BICELLAIRE ciliée. 2.a. *La même grand. nat.* 3. CRISIE ivoire.3.a *La même grossie.* 4.GEMICELLAIRE cuirasse. 4.a.*La même grossie.*5.CATÉNICELLE Savigny.5.a.*Id. gros.* 5.b. *Cellules isolées* 6.ALECTO rameuse.6.a. et 6.b.*Id. gros.* 7.UNICELLAIRE de Lafoy. 7.a.*Id. gros.* 7.b. *cellule isolée très grossie.*

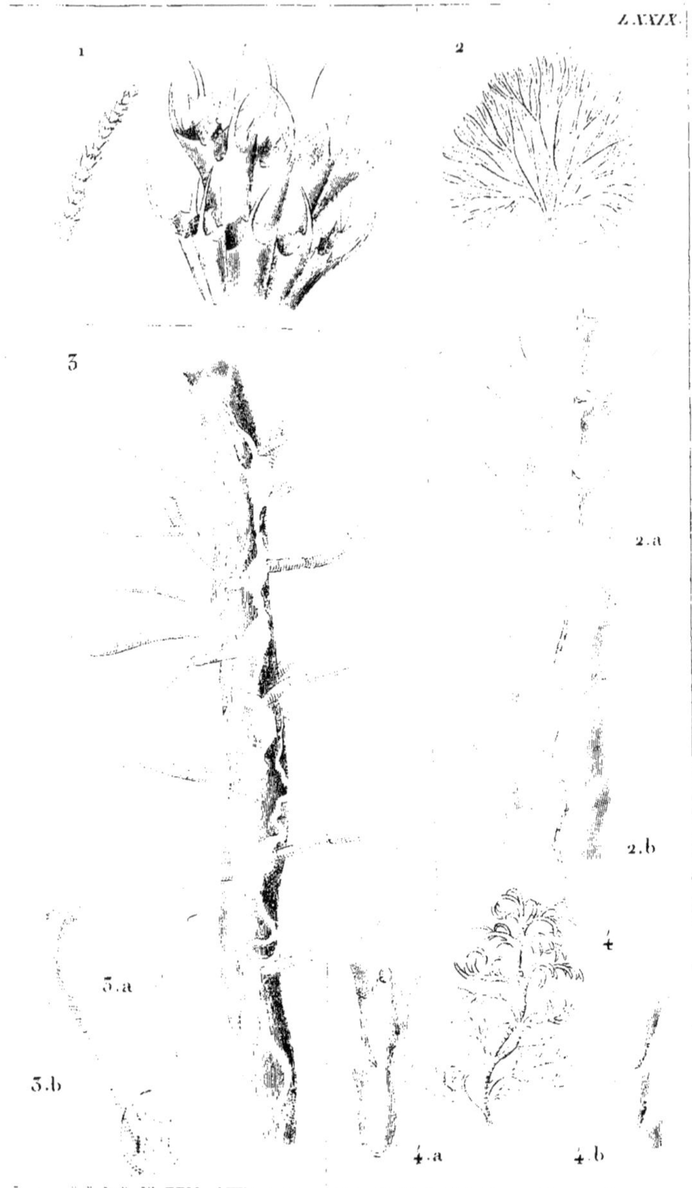

1. ELECTRE verticillée. 2. CANDA arachnoïde. 2.a et 2.b. Part.
grossie. 3. ANGUINAIRE serpent grossie. 3.a. La même de grand. nat.
3.b. cellule très grossie. 4. MÉNIPÉE Hyale. 4.a et 4.b. Cellul. grossies.

Prêtre pinx.   Turpin direx.   Mlle Massard sculp.

1.1a.1b.PHÉRUSE tubuleuse.2.2a.ELZÉRINE de Blainville.
3.3a.TUBULAIRE rameuse.4.4a.GALAXAURE rigide.

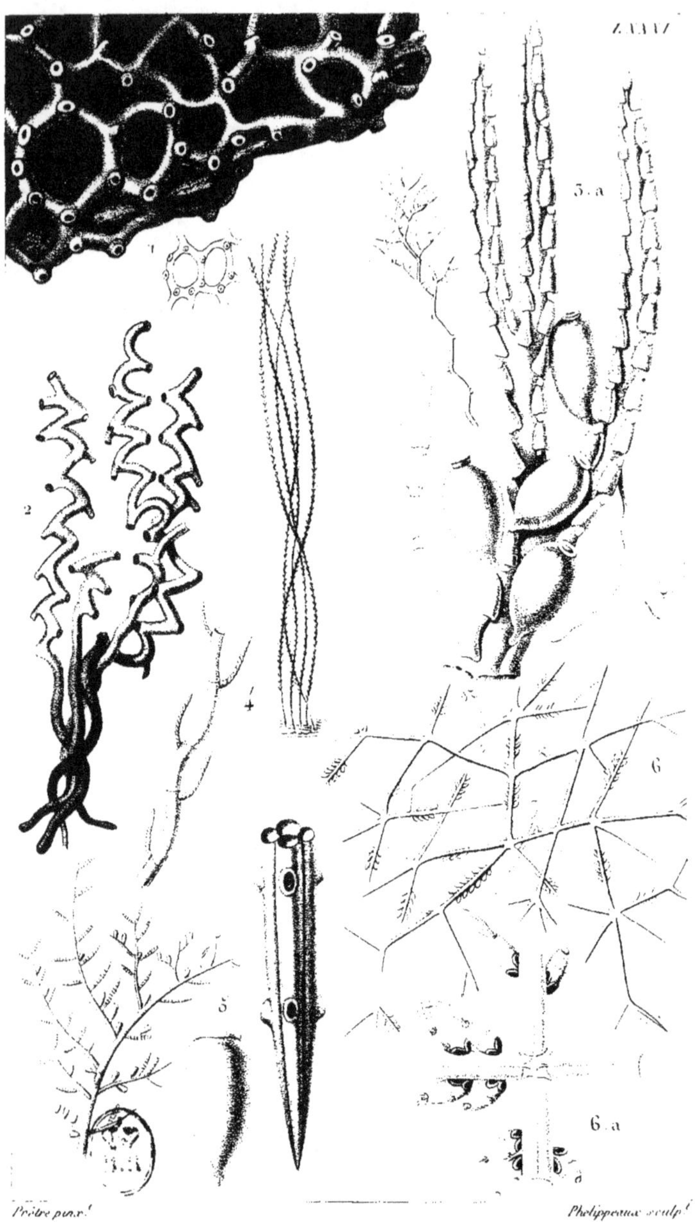

1. AULOPORE rampant. 2. TIBIANE fasciculée. 3. BISÉRIAIRE thuia.
3.a. *Detail grossi*. 4. CYMODOCÉE simple. 5. SALACIE à quatre cellules.
6. DÉDALE de Maurice. 6.a *Detail grossi*

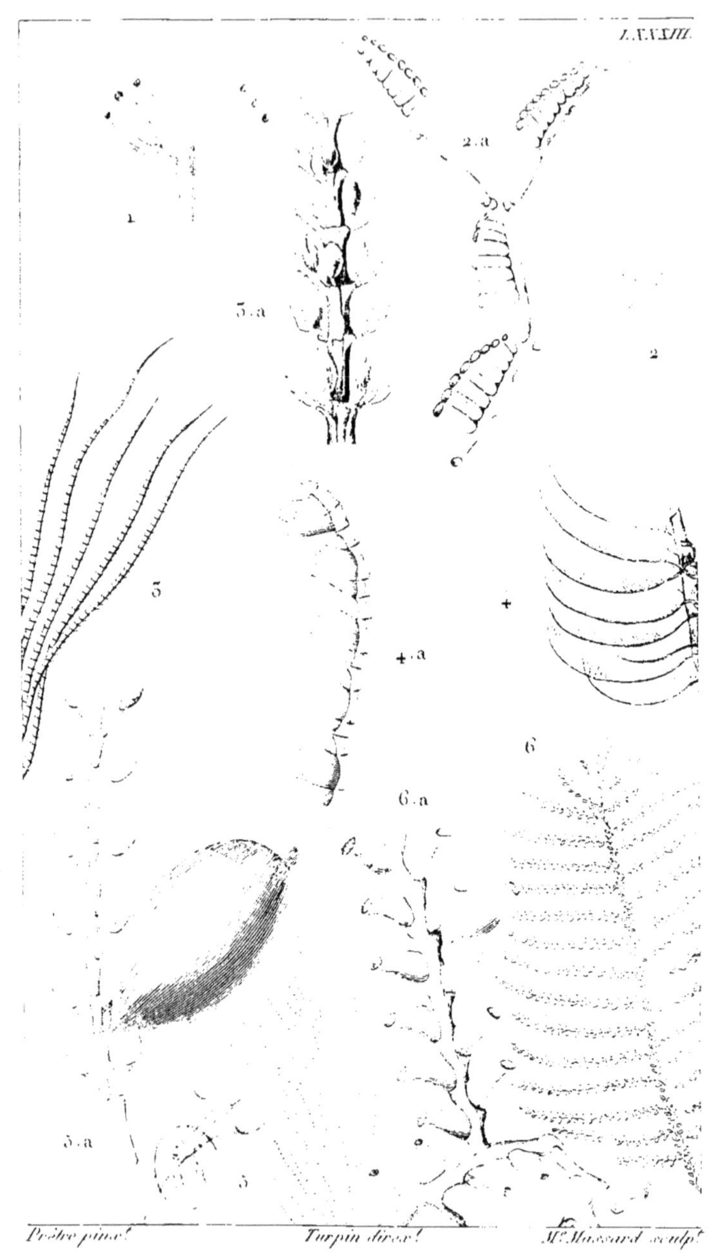

Prêtre pinx.t   Turpin direx.t   M.me Massard sculp.t

1. TULIPAIRE tulipifère. 2.2a. SÉRIALAIRE lendigère.
3.3a. ANTENNULAIRE indivise. 4.4a. PLUMULAIRE myriophylle.
5.5a. DYNAMÈNE operculée. 6.6a. SERTULAIRE sapinette.

1. à 1d. IDIE scie. 2.2a. CAMPANULAIRE volubile. 3.3a.
LAOMÉDÉE verticillée. 4.4a. THOA halécine.

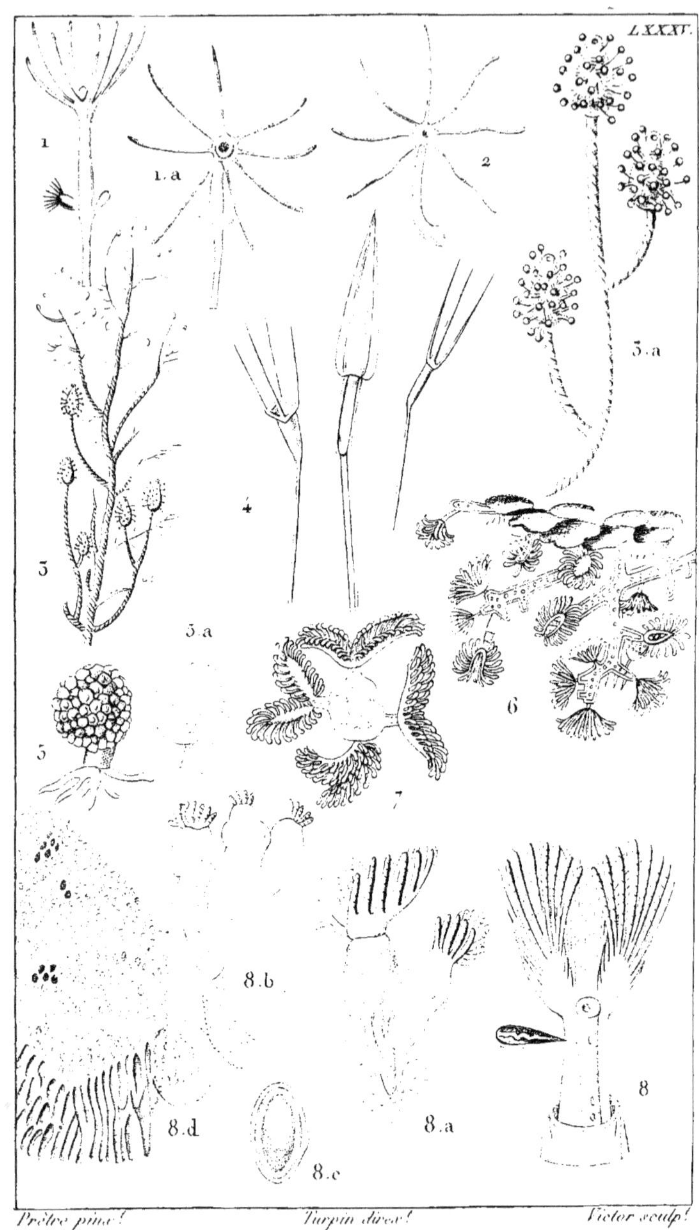

Prêtre pinx.   Turpin direx.   Victor sculp.

1.1a. HYDRE verte. 2. H. rose. 3. 3a. CORYNE glanduleuse. 4. PÉDI=
CELLAIRE trident. 5. DIFFLUGIE protéiforme. 6. PLUMATELLE
campanulée. 7. CRISTATELLE vagabonde. 8. ALCYONELLE des
étangs *en dessus.* 8a. 8b. *2-5 individus de côté.* 8c. *Œuf.* 8d. *Son polypier.*

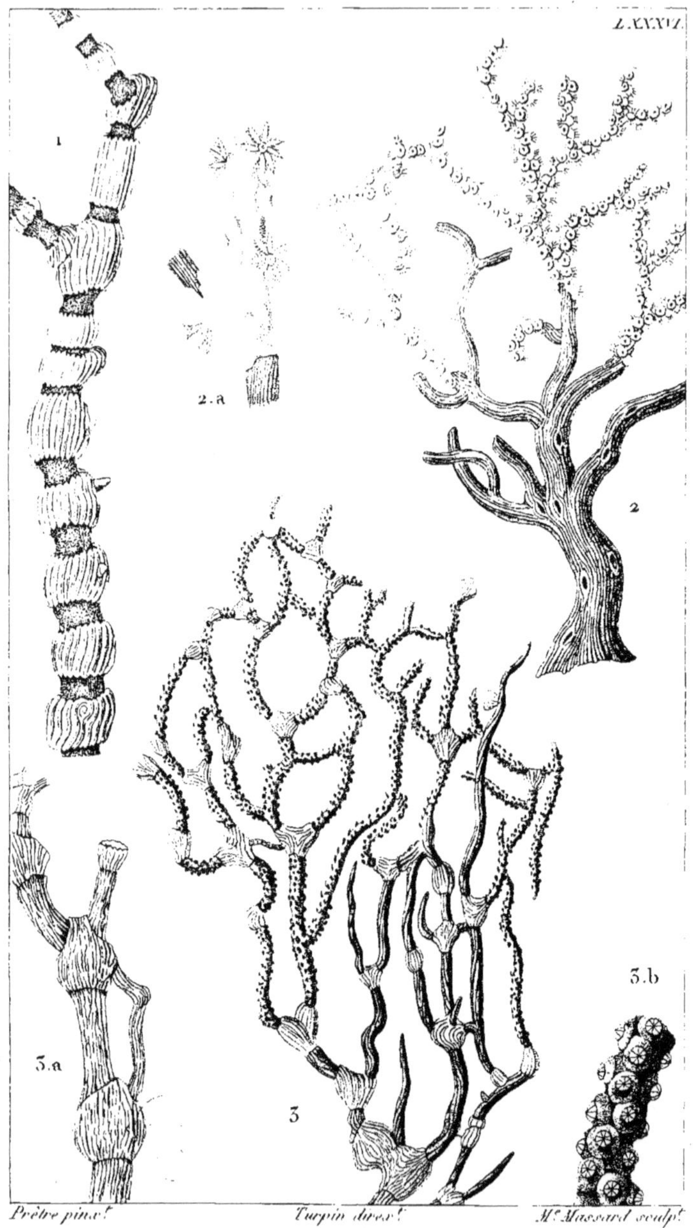

1.ISIS queue de cheval. 2.2a.CORAIL rouge. 3.3a.
3b.MÉLITÉE ochracée.

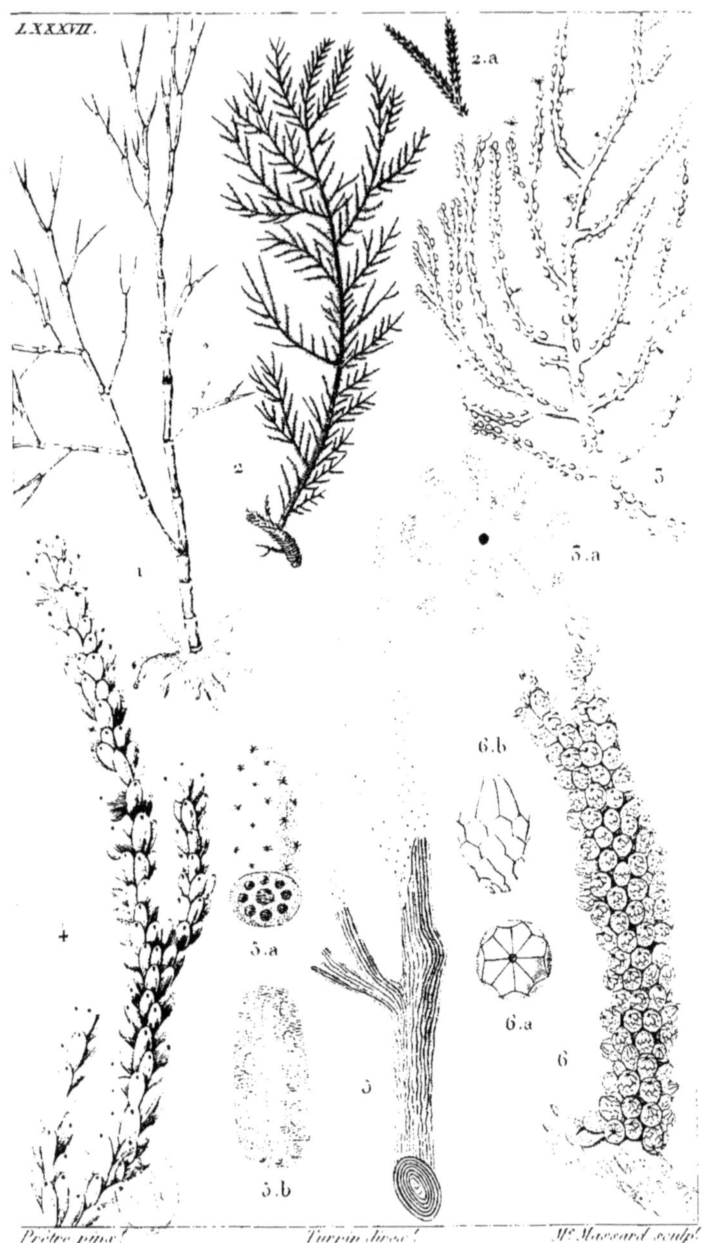

Prêtre pinx.ᵗ   Turpin direx.ᵗ   Mᵉ Massard sculp.ᵗ

1. MOPSÉE dichotome. 2. 2a. ANTIPATHE myriophylle. 3. 3a.
GORGONE verruqueuse. 4. EUNICÉE à gros mamelons.
5. 5a. 5b. PLEXAURE liège. 6. 6a. 6b. PRIMNOA lepadifère.

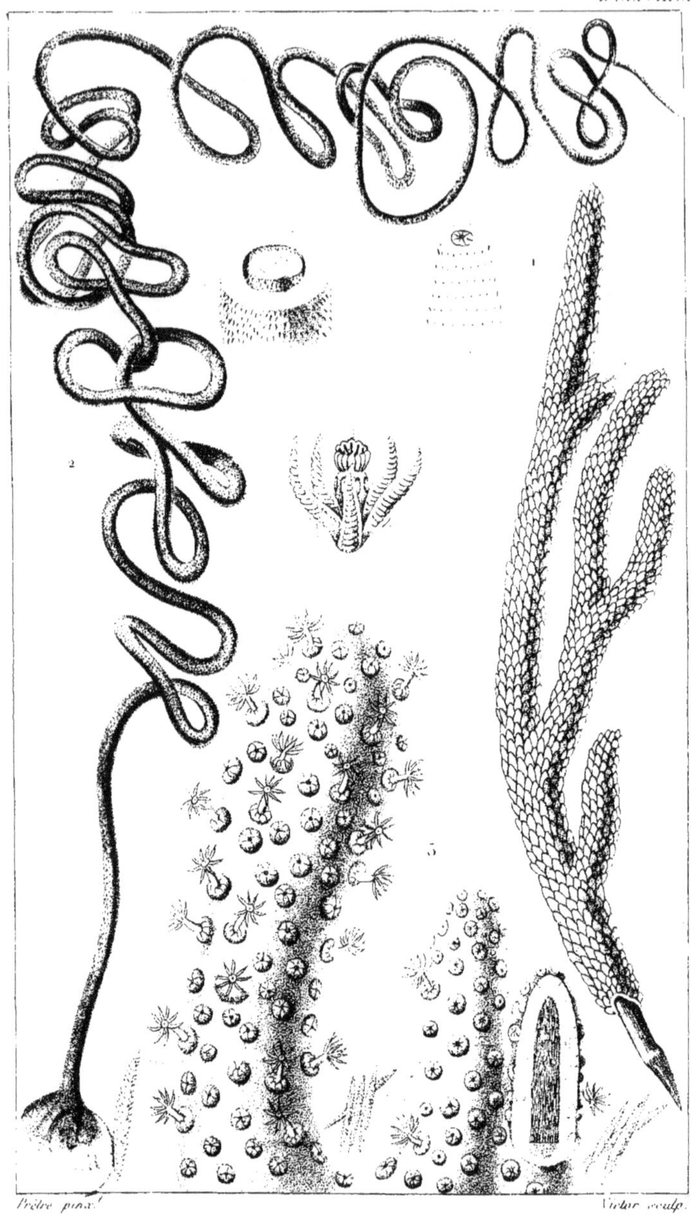

1. MURICIE épineuse. 2. CIRRHIPATHE spiral.
3. BRIARÉE gorgonoïde.

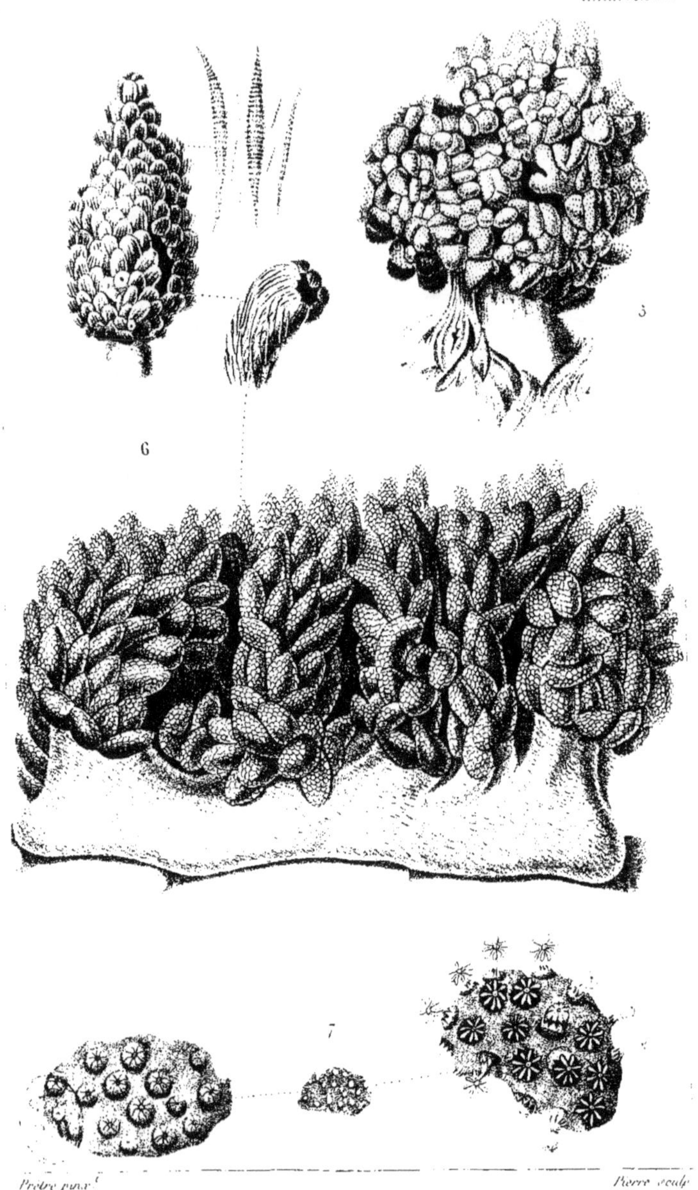

5. XÉNIE spongieuse. 6. NEPTÉE de Savigny.
7. ANTHÉLIE rouge.

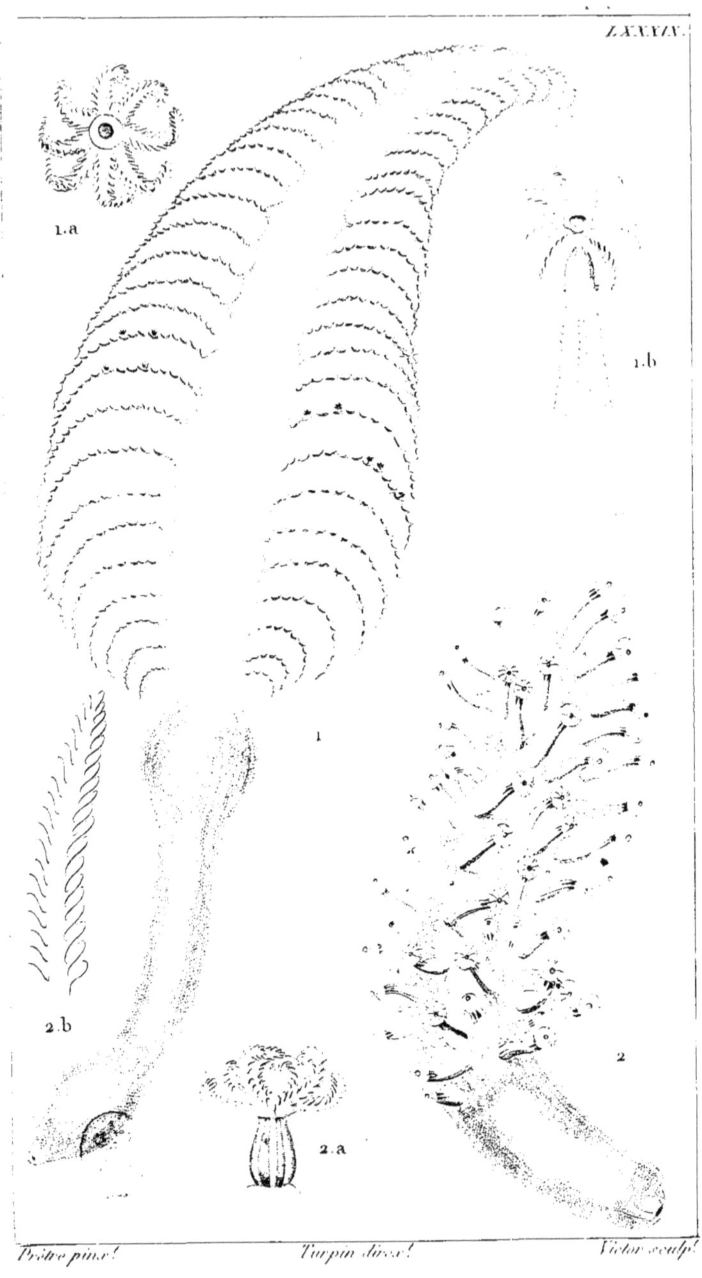

1. PENNATULE grise. 1.a. Un de ses polypes de face. 1.b. Le même de profil. — 2. PEN. cynomoire. 2.b. Un tentacule grossi.

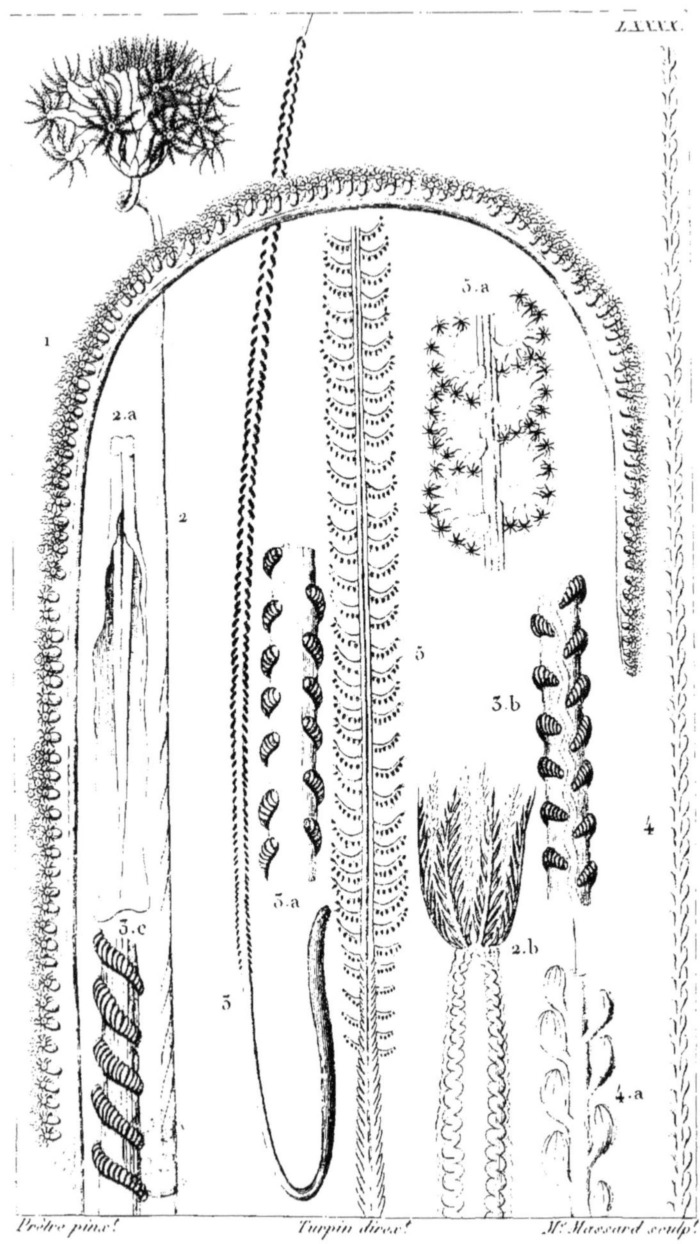

Prêtre pinx.¹   Turpin direx.¹   M.ᵈ Massard sculp.¹

1.PAVONAIRE quadrangulaire. 2.2a.2b. OMBELLULAIRE
encrine. 3.3a.3b.3c. VIRGULAIRE juncoïde. 4.4a. FUNICU=
LINE cylindrique *(Pen. mirabilis. Linn.)* 5.5a. VIRGULAI=
RE à ailes lâches. *(Pen. mirabilis. Müller.)*

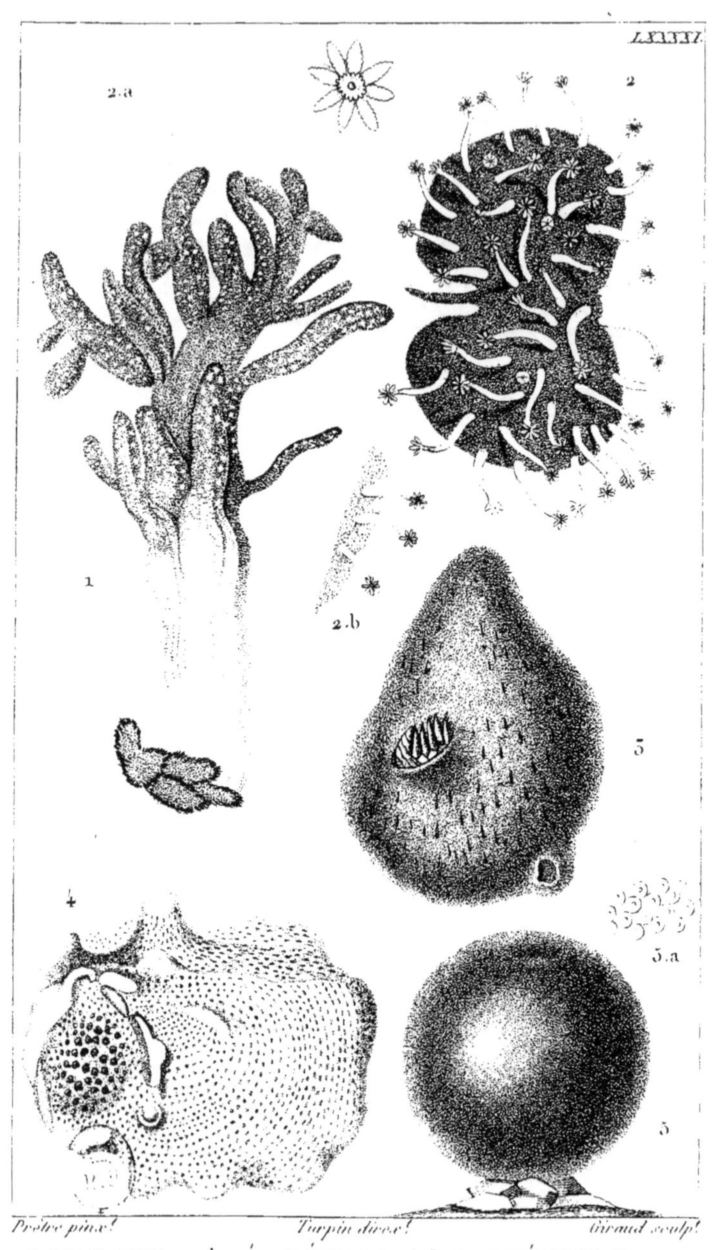

1. LOBULAIRE palmé. 2. RÉNILLE violette. 3. TÉTHYE Orange.
4. GÉODIE bosselée. 5. LAMARCKIE Bourse. *(Alcyon. Bursa Linn.)*

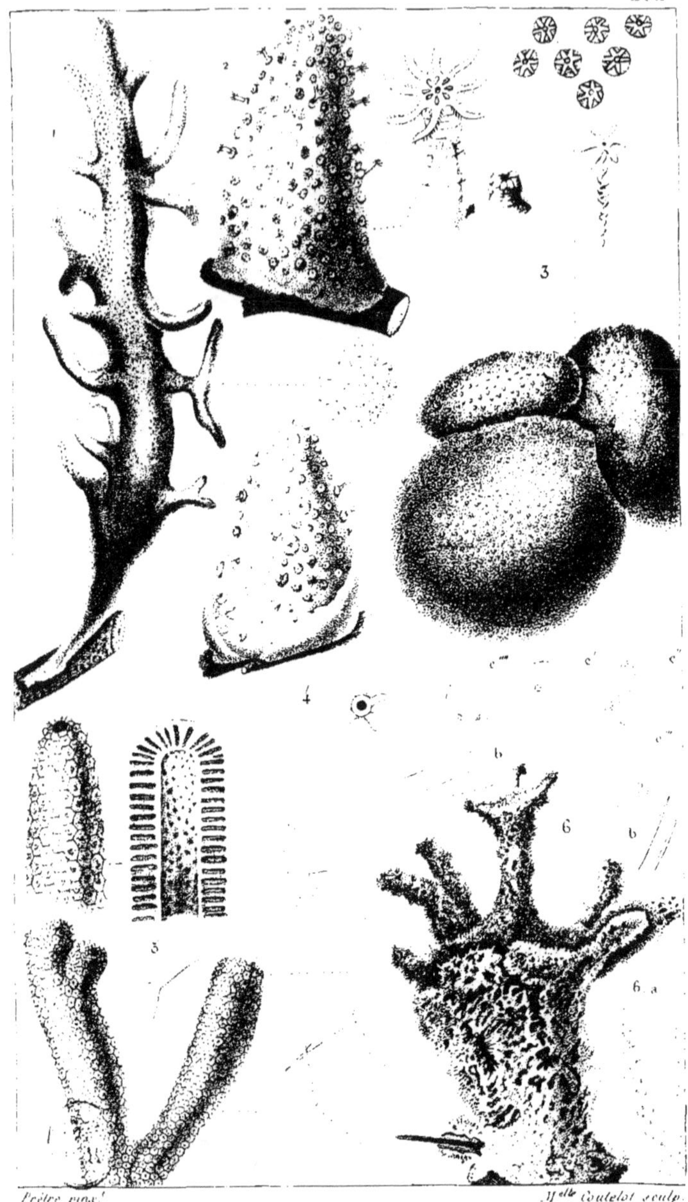

1.ALCYON gélatineux. 2. CYDONIE de Muller. 3.PULMONELLE figue. 4.MASSAIRE masse. 5.ALCYONCELLE gélatineux. 6.SPONGILLE fluviatile, *rameaux verts.* 6.a. *La même jaunâtre ou étiolée.* b. *Ses spicules.* c. *Ses corps reproducteurs.*

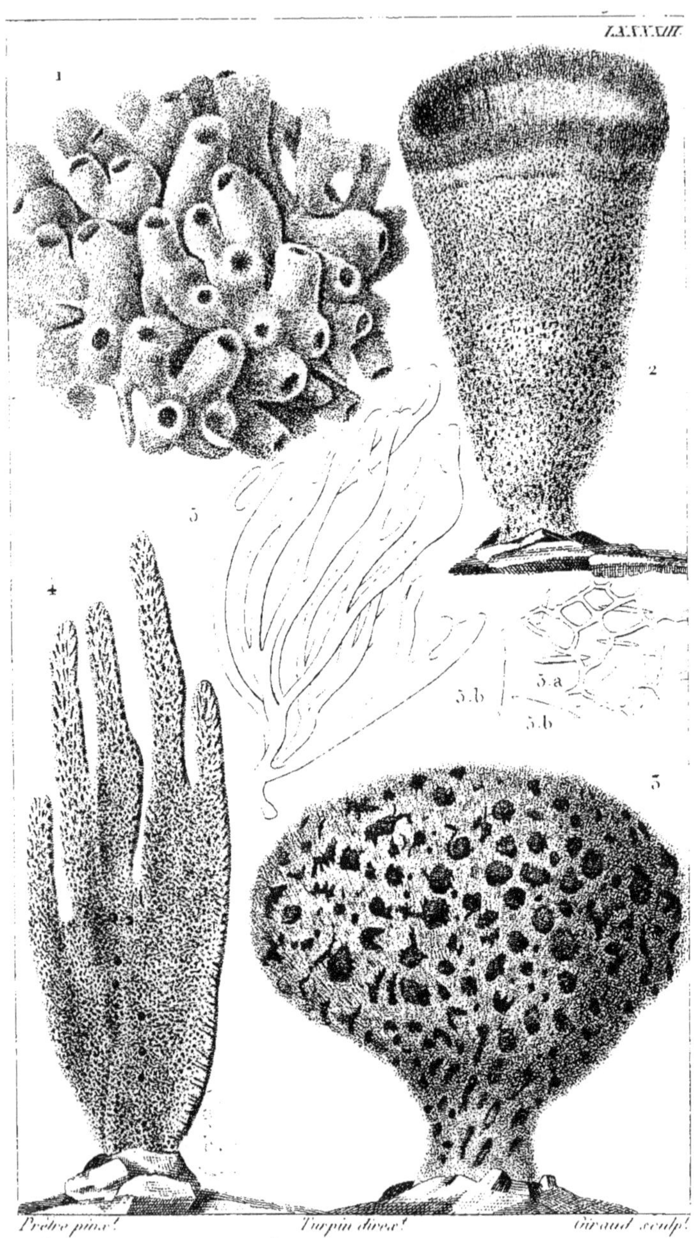

1. ÉPONGE bullée. 2. É. creuset. 3. É. vulgaire. 4. É. Main.
5. É. paniforme. 5a. sa structure. 5b. Acicules.

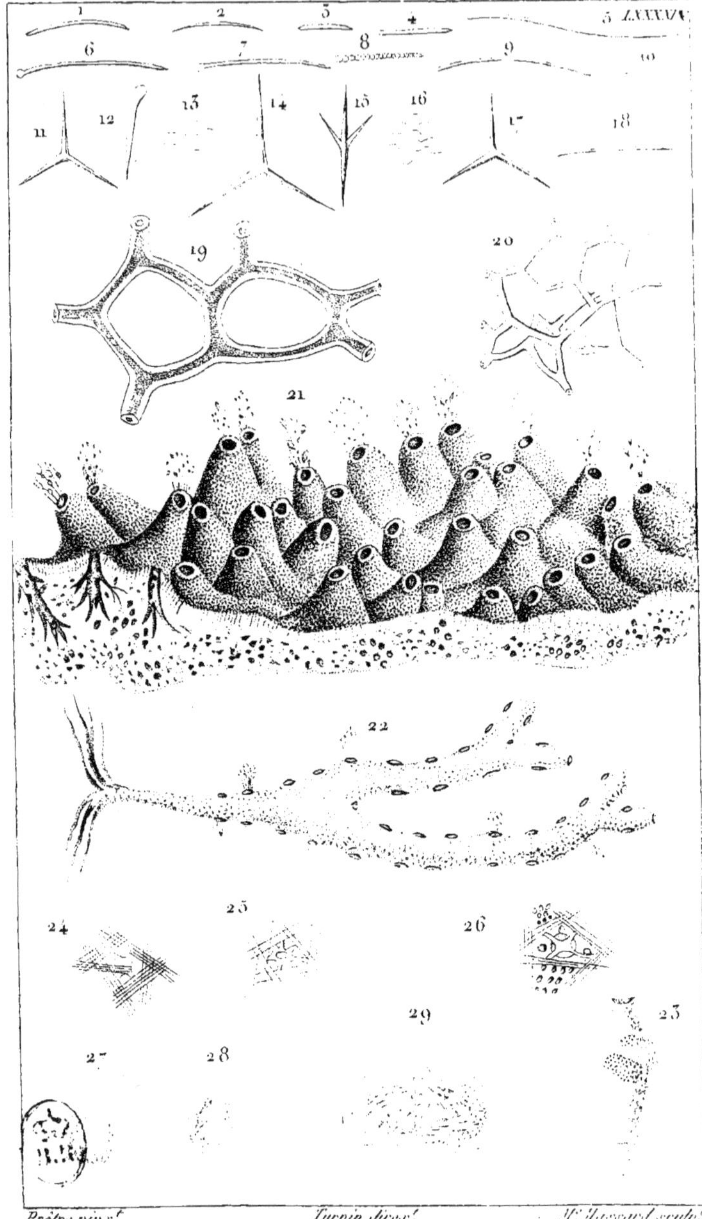

1. Acicule siliceux du Spongia friabilis. 2. Id. du Sp. papillaris. 3. Id. du Sp. cinerea. 4. Id. du Sp. panicea. 5. Id. du Sp. ventilabrum. 6. Id. du Sp. patera. 7. Id. du Clione celata. 8. Id. du Sp. monile grossi. 9. Id. du Sp. sanguinea. 10. Id. du Sp. friabilis. 11. Acicule calcaire du Sp. compressa. 12. Id. du même. 13. Id. du même. 14. Id. du Sp. nivea. 15. Id. du même. 16. Id. du même. 17. Id. du Sp. coronata. 18. Id. du même. 19. Fibre tubuleuse cornée du Sp. fistularis. 20. Id. du Sp. communis. 21. Sp. papillaris vivante. 22. Sp. oculata vivante. 23. Sp. compressa viv.te 24. Porule infér. du Sp. panicea considérablt. grossi et montrant les faisceaux d'acicules. 25. Id. du Sp. papillaris. 26. Coupe transvers. d'un canal intér. du Sp. papillaris montrant des ovules certains. 27. Ovule très grossi du Sp. panicea. 28. Le même vu de côté. 29. Sp. panicea jeune.

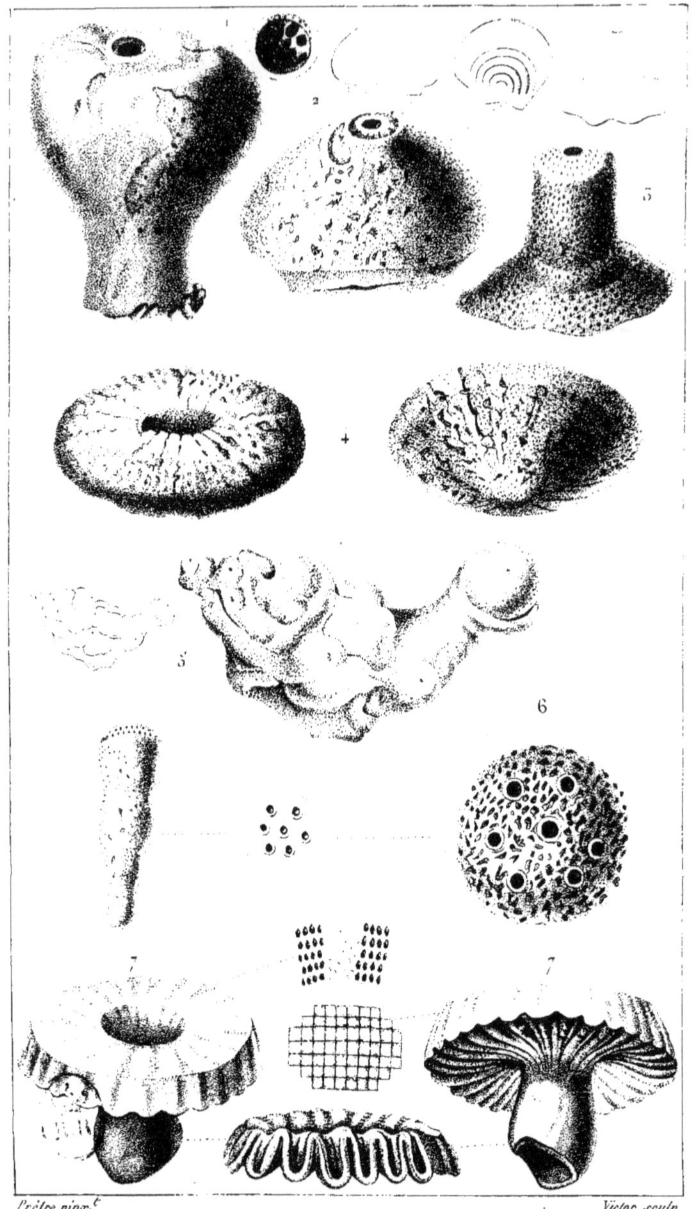

1.SIPHONIE type. 2.MYRMÉCIE hémisphérique. 3.SCYPHIE mamil=
laire. 4.CNÉMIDIE lamelleux 5.TRAGOS difforme. 6.MANON tu-
bulifere. 7.CELOPTYCHIE agaricoïde.

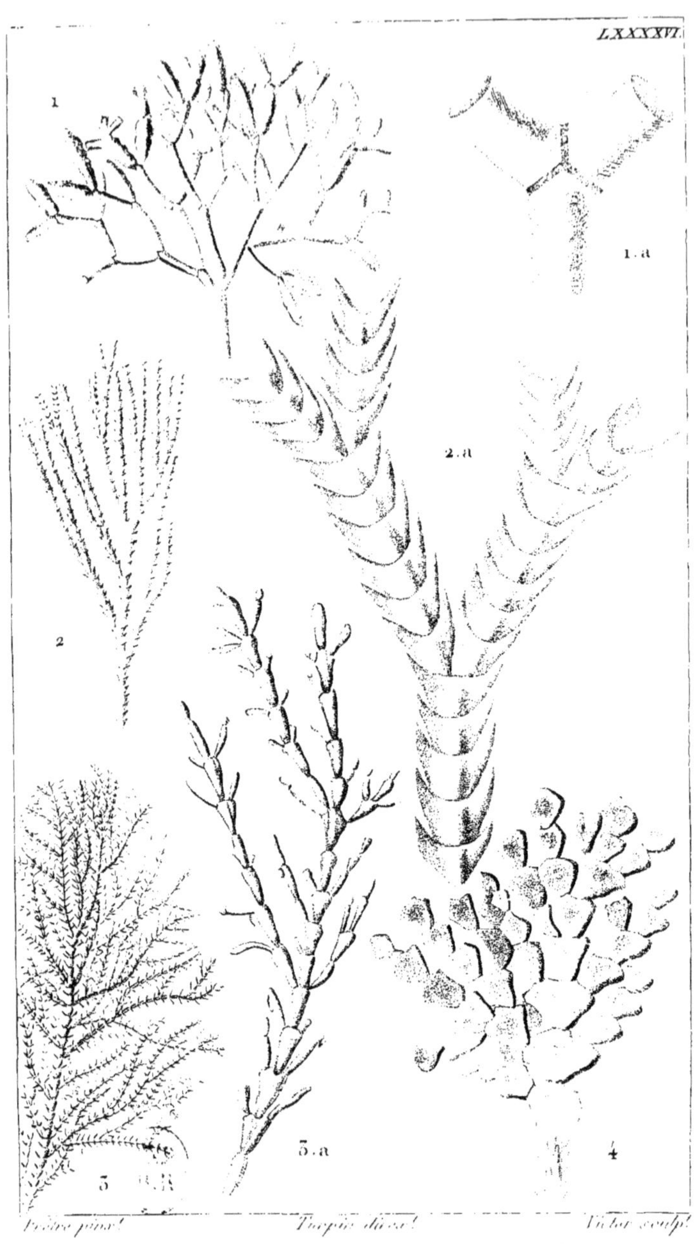

Redouté pinx!.   Turpin direx!.   Victor sculp!.

1.1a. **AMPHIROA** foliacée. 2.2a. **JANIE** sagittée.
3.3a. **CORALLINE** officinale. 4. **FLABELLAIRE** raquette.

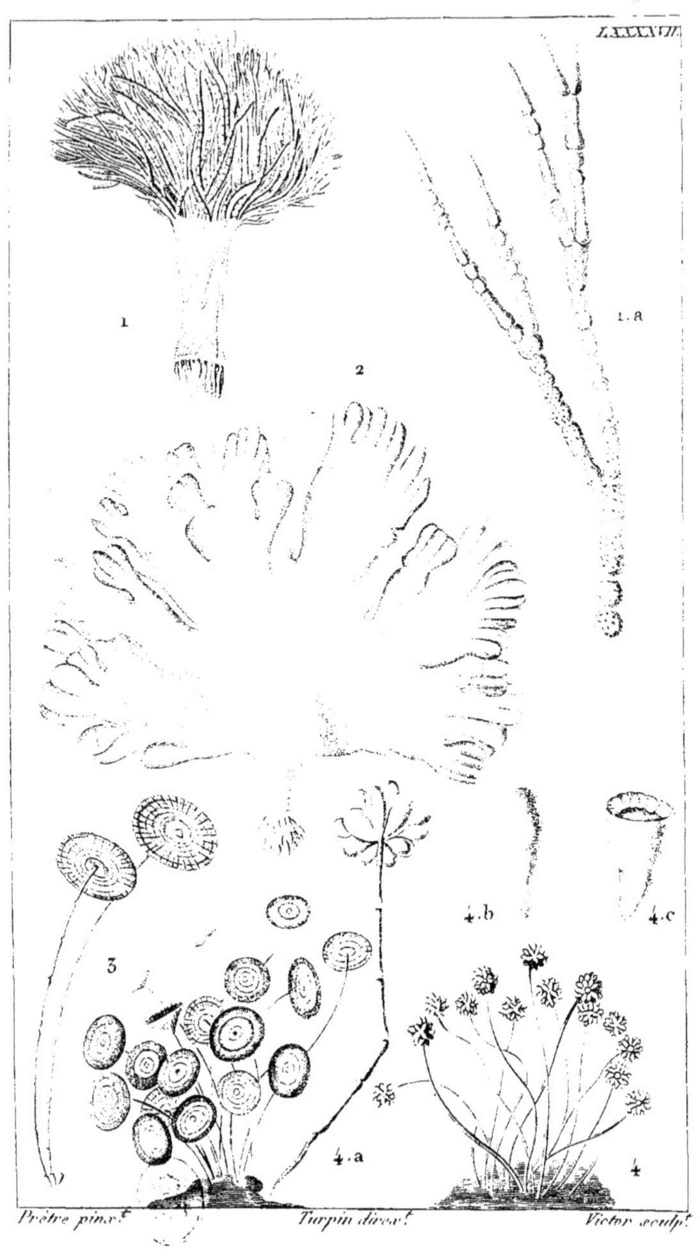

1.1a. NÉSÉE noduleuse. 2. UDOTÉE flabellée. 3. ACETA=
BULE de la Méditerranée. 4.4a.4b.4c. POLYPHYSE australe.

3. ZOOSPERMES de l'Homme. 4. Z. du Chien. 5. Z. du Surmulot.
6. Z. du Cochon d'Inde. 7. Z. du Lapin. 8. Z. du Coq. 9. Z. Ranin.
10. Z. du Triton. 11. Z. de la Carpe. 12. Z. du Bombyce zigzag.
13. Z. de l'Helix pomatia *pris dans l'ovaire et le testicule.* 14. Z. de la
Limace.

1. CYMOPOLIE barbue. 2. GALAXAURE roide. 3. DICHOTOMAIRE
fructueuleuse. 4. LIAGORE blanchâtre. 5. NÉOMÉRIS en buisson.

www.ingramcontent.com/pod-product-compliance
Lightning Source LLC
LaVergne TN
LVHW011957180726
843502LV00005B/1453